KEY

BREAKTHROUGHS

关键突破

吴静思◎著

科学技术文献出版社
SCIENTIFIC AND TECHNICAL DOCUMENTATION PRESS
·北京·

图书在版编目（CIP）数据

关键突破 / 吴静思著 . — 北京 : 科学技术文献出版社 , 2020.9
ISBN 978-7-5189-6939-5

Ⅰ . ①关… Ⅱ . ①吴… Ⅲ . ①成功心理 — 通俗读物 Ⅳ . ① B848.4-49

中国版本图书馆 CIP 数据核字 (2020) 第 131452 号

关键突破

策划编辑：王黛君 李佳铌　责任编辑：吕海茹　责任校对：王瑞瑞　责任出版：张志平

出 版 者　科学技术文献出版社
地　　址　北京市复兴路 15 号　邮编 100038
编 务 部　（010）58882938，58882087（传真）
发 行 部　（010）58882868，58882870（传真）
邮 购 部　（010）58882873
销 售 部　（010）82562753
官方网址　www.stdp.com.cn
发 行 者　科学技术文献出版社发行　全国各地新华书店经销
印 刷 者　天津中印联印务有限公司
版　　次　2020 年 9 月第 1 版　2020 年 9 月第 1 次印刷
开　　本　880 × 1230　1/32
字　　数　156 千
印　　张　8
书　　号　ISBN 978-7-5189-6939-5
定　　价　46.80 元

序

为什么我们的人生，总是与放弃相伴？

2018年的最后两个月，是我30多年人生“至暗时刻”——我在两个月里胖了8斤、体脂率超过25%。

上秤时，我被跳出来的数字吓到了。然后，搬出家里另一台秤，把全身衣物除尽，排光膀胱，连续称了3遍，确定数字没有问题。那一刻，我内心充满了恐惧。难道从此我就要在中年发福的路上一去不回头了么？

其实上秤前，我预计到体重会增加。在过去两个月，一个没心没肺到拿热量极高的螺蛳粉当宵夜的人活该暴肥，而我之所以突然开始养成吃宵夜的习惯也是被“生活所迫”。撰稿人这个职业的另一层意思是“长期久坐不动”，加上家有“恐怖的3岁”（Horrible Three）男娃一枚，父母不在身边，全靠我和老公俩人硬撑，我被生活弄得身心俱疲……好吧，我不能再为自己找借口了。压力人人都有，可大可小，但通过追求饱腹感来解压是最不明智的方法之一。

想到自己体内装满了沉甸甸的8斤脂肪、油脂和淀粉，而这些都有可能成为最难去除的内脏脂肪被长久地储存在我的体内，我整个人是绝望的。

于是，和无数人一样，我开始了漫长而又痛苦的减肥之旅。

第一步，戒掉螺蛳粉。

谈何容易？两个月来，大脑已经有了记忆，每到晚上9点多，总想吃东西。我只能强忍，实在难受就提前刷牙躲进卧室、远离厨房。好在一周后，我就不怎么惦记螺蛳粉了。

第二步，开始运动。

我办了一张健身卡，每周会抽出3~4天的时间做运动，每次大约40分钟。器械练习、自由搏击班、核心肌群训练班，我全都尝试了一遍。两周后，我惊讶地发现：哇啊！体重没有一点变化！

果然，人到中年，新陈代谢不会撒谎。大概是我仅仅开始运动还不够，正常三餐的分量也需要减量。于是我又开启了“拒绝晚餐”计划。噩梦开始了。

首先，生理上很难受，就像你的肠胃里有很多小人儿，从里面不停地拽你的内脏。

其次，家庭矛盾开始升级。我的饥饿程度和耐心程度从下午5点开始成反比，在晚上6~8点达到高峰。老公想和我聊天，对不起，我没心情；稍微和我辩解两句，对不起，你是想吵架么？3岁的孩子在幼儿园待了一天，接回家和妈妈撒娇闹一闹，不过5秒，我内心的怒气就蹿上来了。通常结局就是，我一通乱吼，孩子泪眼汪汪。

最惨的是，我根本无法坚持做到每晚都不吃饭。就这样，在“间歇性断食 + 间歇性乱吃”的路上坚持了一个月后，我上秤一称：重了一斤！

在减肥这条路上，我付出心血然后摔得头破血流。减肥失败带给我的影响不仅仅是体重回升，内心的挫败感也随即如翻江倒海般涌过来。在 30 多年的人生里，那些失败的、没能坚持下去的、自欺欺人找借口放弃的往事一波波涌过来。

在小学一年级的暑假里对着字帖练习硬笔书法，不过 3 天就放弃，这个恶性循环持续到小学六年级，直到我再也不练字才结束。

说好工作后重拾英语，书架上摆满了各种英文单词书、手机里下载了各类英语学习 APP，甚至还不惜血本，订阅了《经济学人》（The Economist）。结局是，这么多年过去了，单词还没背到 B 开头的那一章，而 12 本杂志崭新如初，躲在书架的角落里。

在线课程，从“艺术史简介”到“Data Science（数据科学）”，都野心勃勃想学一遍，结果，没有一门课能挺过 3 节。

……

我沮丧地想，为什么自己的意志力如此薄弱？为什么自己总是容易放弃？为什么这么容易受诱惑？而我身边的那些人——通常是著名高校的博士、教授——他们中午吃一个吐司三明治，再加一小盒水果就能饱了；同样的新知识，有人能迅速掌握、吸收，然后用最简单的比喻告诉你这个知识的原理；有人高强度工作一天后，晚饭后还能再回办公室工作两三个小时；有人年过七旬还能保持大脑高强度运转。

诚然，我身边的这些博士、教授，他们能“混进”世界知名学府，智商“在线”是必然的。但，我也要说句大实话，他们还没有达到天才那种水平（好吧，其中有些人还是称得上绝顶聪明的），他们当中没有人是几岁就成名的天才儿童，也没有像比尔·盖茨、乔布斯、马斯克那样，拿出在当时举世无双的产品震撼世界。在和他们的接触中，你能感受到他们也有很多知识盲点，也会犯一些低级的错误。他们肯定不是庸才，但一定也不是让人惊呼的天才。可他们向工程、医学、神经学科这些艰深的学科发起挑战、探索未知，并取得了一定成就；而且，他们还能把自己工作、学业之外的生活、关系、健康、兴趣打理得井井有条。

他们一定掌握了某些秘密工具，能让他们在某一领域取得高于普通人的成就，并且还能保持长久的战斗力。而我，要去盗取火种。

于是，我找到平时接触比较多的 8 个人。他们有的是自己领域里的领军人；有年过七旬还在科研领域业精于勤的“老专家”；有知识横跨物理、数学、医学、工程的专业斜杠人士；有 20 岁就非常明确知道自己要走什么职业道路的小青年；也有从战乱、保守的国家走出来，靠着自己走向哈佛这种高等学府的女博士；还有在儿时罹患重疾、战胜疾病后立志为患者造福的追梦人；以及从宇宙外太空转行研究脑神经，同时也没耽误结婚生娃两大人生大事、不畏惧时间的中年男。

和那些家喻户晓的公众人物相比，从知名度、收益程度来看，他们只能算普通人；但从为社会带来的贡献、实现自己的人生理想这个角度来看，他们绝对是人生赢家。在和他们的日常接触、沟通、一起参加的活动和访谈中，我看到了他们是如何苦心经营自己的良好习惯，最终让这些习惯成为制胜的利器。这些“利器”未必能确保你成为世界富豪、知名公众人物，但一定能让一个普通人更高效地向上攀登、成为更好的自己。

我接下来会分 8 个章节一一展开，通过他们的故事和经历，向大家介绍他们的 25 个利器，告诉你，这些人是如何在工作、生活和思考中使用这些利器的，并在每一章结束后配有一些思考与练习，帮助大家更加熟悉这些利器。然后，在最后四章里，我对这 25 个利器进行归纳总结，从中提取出共性，做进一步的深度分析和说明，方便大家上手使用。

没有人能随随便便成功，成功除了命运的眷顾之外，总是有迹可循。现在，就让我们一起开始循迹之旅吧。

目录

第一章

找准你的人生定位

——法尔扎内：从中东地区走向哈佛

5 月，初夏，我在健身房门口等待法尔扎内。我们约好了早上一起去游泳。2 分钟后，她带着一脸沮丧来了。完全不是我平时常见的自信、神气的模样。

“你怎么了？看上去不太开心。”

“别提了，早上我和我爸视频，我又被他嫌弃了。这足以毁掉一整天的心情。”法尔扎内又恼又丧地说。

“还有 3 个月你就要去哈佛做博士后了，25 岁就取得这样的成就，我不知道你还有什么被嫌弃的地方。”不是奉承，也不是安慰，我是真心佩服法尔扎内。

“我和我爸妈说起上周行业会议的事。我告诉他们我的展示在大会上和别人一起拿到了一等奖。结果我爸问我：‘为什么你不是唯一获得一等奖的人？你能做得更优秀么？’”法尔扎内越说越激动，“从小到大，他总是这样，我考了第二名，他问我为什么不是第一；我考了第一名，他问我为什么不是以满分成绩取得的第一；我以满分成绩取得了第一，他会问我是不是‘唯一’”法尔扎内最后叹了一口气，说，“有这样的爹真的很累。”

我们相识4年，交情淡如水，最多聊聊彼此喜欢的美剧。要不是暑假她没人一起做伴锻炼，主动约我一起游泳，我不会知道法尔扎内还有这样一位“狼爸”。

我和法尔扎内初次相识是在学校开设的一个文化小组（culture group）里。来自全世界不同国家的学生，被分成不同小组，一组里5~7个成员，组长给出一个问题，大家就这个问题基于自己的成长环境、教育背景给出看法。这个小组的目的一方面是让大家看到世界的“分歧”，用更多元化的思维去看待世界；另一方面，也是希望借由这个平台结交志同道合的朋友。

我和法尔扎内被分在了一个小组。我们是组里“唯二”的女生，讨论结束后，我带着一口残缺不齐的英文主动去找带着明显东亚样貌——小麦肤色、大眼睛、高鼻梁——的法尔扎内寒暄。

我和法尔扎内的第一次对谈，她，一位来自中东地区的女孩，用一口标准的美式英文震撼了我。

法尔扎内在中东地区出生、长大、读书，经历过国家的一些动乱，但总体来说她的成长算是顺遂。她的父亲是当地一位外科医生，母亲是护士长，典型的中产家庭。她还有一位小她3岁的弟弟，刚刚考入中东地区最好的大学读建筑系。法尔扎内也是这所大学毕业的，毕业后申请到美国一所很不错的公立大学读博士，拿的是5年的全额奖学金，攻读神经工程专业。

法尔扎内告诉我，她注定是要学这行的。爸爸是脑神经科医生，小时候她经常去爸爸工作的医院“玩”。由于法尔扎内从小在医院见多了生死往来，她受不了那种生离死别的痛苦，所以最后没有选择学医，而是做脑神经工程研究的建模和算法。

法尔扎内最喜欢挂在嘴边的一句话是“这很容易啊！”（It’s so easy！）,不是为了让对方难堪，或者显摆自己，才说这句话的。她是由衷地认为很多问题真的简单。

同组的博士生有个问题想了一天都没解决，她看了看，在纸上画一画，5分钟后给出答案。师兄对着代码找了40分钟的漏洞，她一眼就看出问题在哪儿。实验室来了一位硕士生要做毕业设计，导师让法尔扎内帮忙指导一下。她看了一眼该学生想做的东西，一脸不解地问导师：“这是我大学三年级做的东西啊，她都硕士毕业了怎么才做？”

还有组里的博士后，在博士毕业后又在科研界工作了两年，对一些算法和建模工具的运用程度还不如她，以至于在行业会议上，来自各高校的老师和研究院所的项目负责人，都以为她才是博士后。这些老专家们很少见到一位博士三年级的学生能把核心问题和技术钻研得这么透彻，把课题做得如此艰深。

法尔扎内的优秀让她在博士第三年时就收到来自英特尔、纽约大学、哈佛大学以及世界顶级外科神经中心巴罗神经研究所（Barrow Neurological Institute）的工作邀请。在认真抉择后，她最终选择了毕业后去哈佛做博士后。

如果你以为我要给你讲的是一位天才少女的故事，那未免太无聊老套了。法尔扎内无疑是个聪明人，否则也不可能成绩单上全是A、连续三年获得校园最高奖学金，包揽了很多行业会议上的大奖，在学生期间就以唯一第一作者身份发表了两篇重量级论文，还没毕业就成为众多顶级公司和高校争抢的对象。像她一样、甚至比她更聪明的人大有人在，但她身上打动我的闪光点绝不是聪明，而是让她走到今天并有极大概率在未来也能取得巨大成就的三件利器。

利器一：
做成一件事，只找最必要的那一个理由

“面对重要的事情时，我从不一时兴起、仅凭兴趣做事，也不会找一大堆理由，告诉自己：‘你看，理由如此充分了，那就动手吧。’我只会找一个理由——一个最必要、不会轻易被动摇和推翻的理由。”法尔扎内和我坐在学校的冰淇淋店，我们一边吃着冰淇淋、一边聊着这位25岁哈佛准博士后的“成功经”。

“你这么年轻，怎么就有如此成熟的想法了？”比她年长5岁的我从来没用她说的那样考虑过问题。通常，我们都是给自己列一堆理由，看上去充分了，然后才动手开始做。

“在我7岁时，我就学会了‘只找一个最必要的理由’这个方法让自己把事情办成。在我们第一次见面时，你问过我英语为

什么说得这么地道，对吧？英语并不是我的母语，但英语在中东地区是最热门的外语，所以我从 7 岁开始学英语。”

“这很像中国的一些大城市里的许多小朋友，他们甚至从三四岁就开始学英语，但也未必能说得像你一样流利。连美国人都以为你在美国本土长大。”我疑惑地问她。

“很简单，我确实下功夫在学英文，虽然我很讨厌英语，觉得背单词、记语法很没意思。但我始终记得我爸爸抛给我的几个问题：‘你想永远得到的只是二手资料和信息么？你想在未来和别人交谈时永远只是一知半解么？你想让别人因为你的口音而对你产生误会和偏见么？’面对这些问题，我的答案当然是‘不想’，既然‘不想’那只能想办法学好。”

“就这么简单？”我将信将疑。本以为她要给我传授一大通学好英文的心得，谁知却只抛出来“想办法学好”这 5 个字。

法尔扎内吃了一口香草冰淇淋，笑着说：“是很简单，但足够必要了。必要到我没有借口去偷懒不好好学英语，这就够了。你别小看‘只找一个必要理由’的方法，我可是用它办成了不少大事。”

法尔扎内又和我讲了她在博一刚进实验室，和学姐竞争并最终把对方打败的事。

高校的实验室有时候和后宫一样，也是要“争宠”的，为了让导师对自己青睐有加。比如，导师挺不挺我的项目、推不推我的论文，学生之间少不了费些心思斗争。其实这些斗争，说到底其始作俑者是导师，他们的领导风格、对学生的态度决定了一个实验组的“企业文化”。

法尔扎内所在的实验室算是一片净土，导师手下有4个学生，不算多，导师也是一门心思搞学术的人，不搞竞争搏出位这一套。法尔扎内刚进组时，俄罗斯学姐带着她，帮她熟悉实验室的一切。当时，学姐因为比她早来一年，还负责实验室的一些行政事务，比如开会申报、实验品采购报销等，手中有点小权力。论年限、工作接触和做实验的熟悉程度，学姐和导师的感情、亲密度自然比她强，这很正常。

但从小到大要做最好、最强、第一的法尔扎内不接受。她说：“你要是因为比我更强的学术能力胜出，我可以接受。但是靠时间长短论亲疏，做科研的人不能这样。”

“当时进组不久，了解清楚大概情况后，我想做的事就是取代学姐在导师心中的地位。理由就是，不适合的人不该待在那个位置上，我能够在任何方面都比她做得更好。”（只能说，刚刚20岁出头、没被扔到社会和职场上锤炼的法尔扎内太年轻。）3年过去了，现在听法尔扎内说这句话时，我还能感受到杀气腾腾。

“你做了什么让原本打算读博的学姐最终读完硕士就走了？”我也认识那位学姐，知道两年前，她拿了个硕士学位就离组去工作了。当然，没能继续学业的主要原因不是法尔扎内，虽然她也起到了一定作用的推力。

“很简单，我只是做了两件事：

“第一，她能做的东西我比她做得更好。比如，实验室的日常行政工作，她只是被动地接受、完成；而我找出了实验室内部存在的几个重要问题，提出解决办法给导师，然后自告奋勇愿意督促完成。导师发现，在学姐的带领下，实验室只是维持正常运转，而我做的那些事却让实验室的运行效率从70分提高到了80分，并且还不需要他额外做什么。你说导师更喜欢哪个下属？

“第二，做一些她做不到、只有我能做到的事。这一点完全就是拼各自的科研硬实力了。刚进组时，学姐早来一年，基本功比我好。我玩命学了一学期，在3个月内看了120篇行业论文，选了5门专业课，不分周末和节假日（除了圣诞节休息了一天）地待在实验室死磕。用一学期达到了她一年的水平。慢慢地，导师发现和我讨论学术问题或实验情况时，我不再是新手水平，提出的想法比他带了一年的学生还有水平。他自然更愿意和我交流。”

我听着法尔扎内的“宫斗史”，揣摩着她的第一个利器：“当我想做成一件事时，我一定会找一个最必要的理由让自己坚持下去，直到实现。”这让我想到了全球最大职业社交网站领英创始人里德·霍夫曼的一则故事。

当年，领英要进行一系列推广活动，为了打开领英在中国的市场。中国分公司计划举办一些业界活动，还打算推广中文版的《至关重要的关系》（霍夫曼所著）一书来增加知名度。怎么看霍夫曼都有不错的理由前往中国，但他认为，没有任何单独一条理由足够充分到让他必须去。

他说："对于是否进行一项可能开销较大的行动，我的判断标准是一个足够充分的理由，而不是多个理由。我需要一条决定性的理由，然后根据这一理由来衡量旅行的价值。如果我去了，那么我们需要用所有其他的辅助活动来排满整个行程。但是如果我因为多种理由前往中国，那等我回来时肯定会觉得这次计划很浪费时间。"

用一个最充分的理由而非多个看上去很不错的理由去确定行动，这能迫使我们在行动前谨慎周全地思考，并在行动后不给自己偷懒和放弃的理由。

利器二：
别忘了提醒自己，"还没达到平均水平"，但同时假装自信

法尔扎内的第二个利器听上去有些自相矛盾：没达标还要自信？谁给她的勇气？

法尔扎内问我："你听说过邓宁－克鲁格效应么？"

邓宁－克鲁格效应 (The Dunning-Kruger Effect) 是心理学里的一项关于认知偏差的实验，由康奈尔大学的戴维·邓宁和贾斯

汀·克鲁格教授于1999年首次在实验中观测得出。

两人把康奈尔大学的部分本科生随机分成了几组，让每一组的人都进行三个测试：一个是语法测试，一个是逻辑推理测试，还有一个幽默感测试。他们找到了一些写喜剧的专业人士写了很多笑话，然后让学生找出哪个笑话是最好笑的。等到测试结束后，被测学生都需要回答一个简单的问题：你觉得自己答得怎么样？也就是说：你觉得自己处于被测样本百分比的哪个部分？之后，再由心理学家收集结果并分析这些数据。

然后他们筛选出了成绩处于后25%的被测学生，这些是做得最糟的学生。他们的成绩分别在11%~13%之间。但让人惊叹的是，这些被测学生认为自己的表现应该在样本的60%~70%之间，也就是高于样本平均水平。他们认为自己会打败大部分的学生。

简单地说，实验表明能力缺失和过度自信之间有着某种直接联系。虽然不是每个表现糟糕的学生都过度自信，但是大部分学生是如此。大部分表现不好的学生，一般会觉得自己表现得还不错，甚至是优秀。他们完全不清楚自己的情况和能力。

为了确保这项实验结果没有“认知偏差”，两位教授对更多群体做过类似的实验，包括阅读、驾驶、下棋和打网球等各方面，实验结果都是一样：“无能者的错误标度源自于对自我的错误认知，而极有才能者的错误标度源自于对他人的错误认知。”

最终，两人发表了《论无法正确认识能力不足如何导致过高自我评价》（*How Difficulties in Recognizing One's Own Incompetence Lead to Inflated Self-Assessments*）的学术论文，在论文中得出结论：

能力差的人通常会高估自己的技能水准；能力差的人不能正确认识到其他真正有此技能的人的水准；能力差的人无法认知且正视自身的不足，及其不足之极端程度；如果能力差的人能够经过恰当训练大幅度提高能力水准，他们最终会认知到且能承认他们之前的无能程度。

"我明白了，邓宁－克鲁格效应就像莎士比亚《皆大欢喜》中的那句经典台词一样：'傻瓜认为自己是明智的，而聪明的人认为自己是个傻瓜。'"

"是这个意思。所以，在事关学术方面，我经常告诉自己：'法尔扎内，你还没有达到平均水平。'这是一个我逐渐培养起来的认知观念，用于修正和防止我通常认为自己高于平均水平的错觉。"

"但作为学生，你确实是其中的佼佼者。拿奖、发优秀论文、收到业内大牛的认可，总要这么说服自己也很难吧。你会真心相信自己低于平均水平么？而且，这种有意识地贬低自己，久而久之不会挫伤自信么？"我抛出自己的疑问。

"你要这么想，也许正是我经常告诉自己还没达标，才有了现在你眼中的'优秀'。如果你因为自贬获得进步，它就不是'自贬’，而是鞭策，会给你带来更积极的意义。况且在学术圈里，有几个人敢真正承认自己是高于平均水平的呢？至于如何让自贬不要挫伤自信，就要结合我时不时盲目自信这个优点了！”

法尔扎内告诉我，即使诸事不顺且没有自信的理由，她仍然会强迫自己保持自信，因为沮丧、灰心和失望对事情没有任何帮助。之所以这样，全是因为她的妈妈。

法尔扎内的妈妈小时候出身贫穷，那时候，中东地区女性的地位普遍很低，家中兄弟姐妹又多，她的妈妈是没有机会受教育的。但倔强的妈妈并没有屈服大环境和命运，她偷弟弟的书看、求哥哥教她书里的知识。爸爸比同龄人开明一些，看自己的女儿如此好学，而且学得很快，就破天荒地送女儿去读书。

当然，后来法尔扎内的妈妈才知道，自己的爸爸之所以愿意这么做，也是希望培养一个才德兼备的女儿，找个更好的婆家，能帮衬自己一把。读到高二，爸爸找了当地小有名气的一户人家要女儿出嫁做二房（中东地区的法律允许男人可以娶4个老婆）。但已知“自由之精神、独立之人格”的女儿不肯屈服，于是和全家决裂偷跑出来，一边打零工，一边存钱赚学费，她的梦想就是考护校当护士。在当时那个环境里，这算是很大的梦想了。

“小时候，我遭遇挫折和失败时，我妈总会对我说一句话：‘法尔扎内，虽然你是孩子，但你可以的。’因为她凭借自己的力量实现了心愿，所以她相信身为她的女儿，我也能做到。”我相信，这句话对法尔扎内一定意义重大，至今当她说起时，还能看到她脸上的感动与感激。

“我学会了对自己喊话‘你可以的’‘你能做到’，即便在不如意的境况下。因为我知道沮丧和抱怨没用，为了扭转逆境或者把事情做好，我必须相信自己能做到。这是一切成事的前提。”

法尔扎内的这番话让我想起了美国作家库尔特·冯内古特，他曾在自己的一部作品里写过一句话：“我们假装自己是什么，我们就是什么。” 你可以嘲笑库尔特·冯内古特的阿 Q 精神、唯心主义，但这种思想也可以是正在走进学术殿堂的积极心理学。

美国当代著名心理学家、宾夕法尼亚大学心理学教授、前美国心理学会主席，马丁·赛里格曼被称为积极心理学之父。积极心理学倡导人类要用一种积极的心态，对人的许多心理现象做出新的解读，并以此来激发每个人自身所固有的某些实际的或潜在的积极品质和力量，从而使每个人都能顺利地走向属于自己的幸福彼岸。

虽然积极心理学的实验和成果还有待验证，但是，“积极”和“消极”两种截然不同的态度的确会对我们的行为、三观产生巨大影响。至少，当你“假装自信”“假装一切美好”时，你的生理健康是能回到正轨的。

芭芭拉·弗雷德里克松是北卡罗来纳大学教堂山分校的杰出教授，在她发表的论文《培养积极情绪，以优化健康和幸福》

（*Cultivating positive emotions to optimize health and well-being*）中指出，正面情绪可以抵消负面情绪对心血管的影响。当人们紧张时，他们会出现高心率、高血糖、免疫抑制，以及其他利于立即采取行动的反应。如果在紧张过去后，人们不及时调节，就会导致病痛、冠心病和更高的死亡率。实验室研究和调查研究都表明，积极的情绪有助于经受了紧张的人们下回到原来的生理基线。

所以，我绝对相信，“假装自信是成事的前提”。

利器三：
生命有限、“不”字当先

法尔扎内不太受人待见，除了前面说的，她总是无心地把别人的难题看作“小菜一碟”之外，总喜欢拒绝别人也是原因之一。我就曾因为这个原因和她闹过别扭。

我俩熟悉起来起因于在某次电梯偶遇，闲谈中得知我们都喜欢游泳。电梯到达3楼她准备出去时，问我：“明天早上要不要一起去健身房游泳？”我欣然答应。

我们第一次的游泳约会很愉快，结束后还一起搭车去学校，聊到了彼此国家的博大精深的美食文化。因为聊得来，也出于礼貌，我当天晚上回邀她第二天要不要继续，她拒绝了，给出了含糊的理由：“我有其他安排了。”

我没在意，隔了两天又发消息给她：“明天老时间老地方一起游泳？”结果，又遭到拒绝，她的理由和上次一样：“我有其他安排了。”这次我有点介意，毕竟被拒绝不是一件令人开心的事，哪怕只是一个小小的游泳邀请。于是，我告诉自己，不要再向她发出邀请了。

第三天，我们在教学楼相遇，她问我能不能聊三五分钟，想和我解释一下为什么拒绝了我的两次游泳邀请。这倒是让我很意外。

“你千万不要觉得我是在针对你，绝对没有这个意思。如果让你感到不舒服，我非常抱歉。”法尔扎内带着低姿态开门见山。

“是这样的，我有一个习惯，在接受任何娱乐性、休闲性的邀请前会先花一两分钟算一下，这些时间会不会影响我当天的安排、想要实现的目标。比如，有朋友邀请我一起外出吃晚餐，我会在脑海里算一遍这顿晚餐大概会花费我多少时间：吃饭、聊天、来回路上用掉的时间、如果吃完后兴致不错可能还要去喝一杯、接着聊天……这样算下来，一顿晚餐也许要用掉我两三个小时。我会认真权衡一下，当天这两三个小时是不是还有更重要的、更有价值的事情要做。当然，那些事通常是实验、论文、学习之类的，如果是，我会拒绝这顿晚饭的邀请。”法尔扎内认真和我解释。

“所以你两次拒绝了我的游泳邀请是因为你算了一下，这个邀请‘不划算’？”我心里有些佩服她这种看上去有点自私，其实是对自己的人生负责的做法，但内心还是有点怨气。

“坦白说，是的。因为最近我在准备一个行业会议的海报展示和演讲，我算了一下，咱们游泳、洗漱、再回来学校的路程，大约要花 90 分钟。我一天中肯定有 90 分钟的时间可以和你去游泳，但这真不是我近期的优先级。所以，请你原谅我吧。”

“从你开始向我计算接受一顿晚餐邀请需要耗费的时间开始，我就原谅你了。虽然被拒绝的那个人会有点不舒服，但你这是对自己人生负责的做法。”我提议，“以后你约我吧，主动权交给你。也省得你伤了我的心。”

我曾听过一期播客节目，邀请的嘉宾是牛津大学哲学副教授威尔·麦克斯基尔，他在节目里说：“用 5% 的时间思考如何度过剩下的 95% 的时间看起来是很合情合理的。如果你对待自己的事业和生活也是如此，那就是要用 4000 小时的时间或 2 年的工作时间来思考。”这段话让我印象深刻。只是我和大多数人一样，并没有花时间去思考和合理安排自己的人生时间，而法尔扎内做到了。

法尔扎内的第三个利器就是“不”字当先、勇敢地拒绝别人。说“不”很难，因为我自己就是一位“拒绝困难症”患者。可仔细想一想，难以开口拒绝的坏处不仅仅是折损面子、人情，更重要的是，如果我们的一生是一场打怪升级，都有各自的任务和目标要去完成、实现，当我们在本该说“不”的时候开口说了“可以”，相当于用别人的目标取代了自己的目标，为他人作嫁衣。可惜，这笔不划算的买卖，只有像法尔扎内这样的少数人才算清楚了。

最近一次和法尔扎内联系是在2019年的感恩节前夕。我问她在哈佛的新生活如何，她的回复是“还行吧”。我想，在天才成堆的哈佛校园里，她一定也会遭遇不少困难，但我相信，有这三样利器傍身，一切都难不倒她。

小结

利器一：做成一件事，只找最必要的那一个理由

面对重要的事情时，不要一时兴起凭兴趣做事，也不要找一大堆看上去“还不错”的理由去做，而是找到那个最必要的、不会轻易被动摇和推翻的理由。

利器二：别忘了提醒自己，“还没达到平均水平”，但同时假装自信

“我们假装自己是什么，我们就是什么。”

利器三：生命有限、“不”字当先

在接受任何娱乐性、休闲性的邀请前，你可以先花一两分钟算一下这些时间会不会影响自己当天的安排，以及自己想要实现的目标。不要让别人的目标取代了自己的目标。

思考与练习

1. 找出一件自己很想完成却一直没做的事。首先，写下必须要完成的 N 个理由，然后用排除法删掉其他理由，保留最后那个没删除的理由，最后去完成它。

2. 从“生活、工作、健康、爱情、友情、亲情、才华”这 7 个维度（可以扩充）各列出至少一条以上值得自己骄傲的事情。见表 1。

表 1　我的“小骄傲”

生活	极简风	不会在“仪式感”这件事上花时间和精力	不爱化妆，因此省了许多时间和金钱
工作	写作 3 年半，出了 3 本书	靠着笔耕不辍和一点运气，成为很多大平台媒体的特约作者	
健康	每周坚持三四次健身房有氧运动，每次 40 分钟，坚持了一年半		
爱情	承蒙错爱，年少时被人追求过，给了我自信	嫁对了人	

表 1（续）

友情	有可以托孤的二三挚友		
亲情	和父母关系融洽	长辈眼里懂事的孩子	每天坚持亲子阅读，坚持了3年了
才华	从小学起就喜欢阅读，热爱并坚持阅读20多年	不会为了减肥而放弃美食	

3. 列一张清单，写下那些会影响你、打断你的“休闲活动”，如不间断地刷剧、突如其来的烧烤约会等，找出至少3项是在下次再遇到时，可以拒绝或减少的活动。

第二章

人生转场的勇气

——老刘：读博、带娃两不误

老刘其实不老，才36岁，但对于一名博士生来说，称他一声“老书生”也没错。别人30岁博士毕业，老刘32岁博士才刚上路。

我曾问过老刘：“你以前在上海不是过得挺好的么，作为一名新上海人，在中科院有一份体面的工作，在徐汇区边界有两室一厅的房子住着，也找到了情投意合的伴侣，老婆、热炕头都有了，就等二人世界潇洒够了再生个娃，你瞎折腾什么呀？”老刘用他那不太浓郁的东北口音回答道：“这不是想抓着青春的尾巴，再扑腾挣扎两下嘛。”在32岁还觉得自己依旧年轻、生活稳定还敢于打破岁月静好，很好！

老刘18岁离开东北去天津读书，本科、硕士、工作、立业、成家、博士，越走越远，在将近20年的时间里，他回东北的次数用一只手就数得过来，所以标准的东北口音也越来越弱化。乡音已改鬓毛衰，唯独不变的是他那颗东北魂——幽默、段子手，以及一颗不怕辩驳（吵架）的心。

但老刘的吵架不是无事起风波争执，而是喜欢摆事实、讲逻辑、拼理智的高级“吵架”。我曾无意中听到过一次他和他老婆在教学楼外吵架，俩人吵架的套路是这样的：

老婆：你说，这么点事你和我争执有意义么？

老刘：老婆，首先，申明一下，我没有和你争执，我的声音语调都没有拔高，我是在心平气和地和你讨论问题；其次，我想和你说一下我的看法，我不同意的理由有3条，分别是……最后，考虑到……也许咱们可以这么做这件事……总之，我的想法是咱们一起解决这个问题，而不是分输赢。

一整套说辞下来，滴水不漏。

作为一名理工科学生，老刘讨论事情，包括吵架都喜欢讲求逻辑，在中科院工作5年训练出了很好的工程师思维。所谓“工程师思维”就是以解决问题为主要目的。这需要强大的逻辑和自制力（控制情绪、思路不跑偏）才能做到。无论是工作还是生活，以解决问题为优先级的工程师思维都是很好的“填坑”工具。但这种思维如何才能练就呢？

老刘告诉我，第一步就是学会提问、不怕提问，以及不怕被提问。

利器一：
懂得提问的价值，学会提问

“工程师思维其实并不神秘，简单地说，就是动用逻辑和理性思维去想尽办法解决问题，而解决问题往往要从提出问题开始。可以说，工程师思维的核心就是会提问题。只不过很多时候，当别人提出问题时，我们容易将其看成是找茬、人身攻击。多数人都不喜欢在自己说出某个结论时被提出质疑。但想解决问题就得抑制自己的冲动、冷静地正视对方的提问，而不是将其视作挑衅。”老刘坐在实验室的转椅上，一边盘着菩提子，一边和我解释。

“可你向别人不断提出问题，对方会反感吧。”我问老刘。

“当然啊。在问了三四个问题后，有些人会问我为什么要针对他、为什么不接受他的观点，甚至觉得我挺刻薄、难对付。”

“那你怎么解决的？”

“只能一遍遍地和对方解释自己的本意并不是针对谁或者故意让人难堪，纯粹是为了弄懂问题。在解释的同时，还要不断提醒自己保持‘低姿态’，因为一旦你的语气、语调或者肢体语言出现了不友好性，对方就会更加反感你的提问。”

“当别人质疑你时，你能态度很好地接受被提问么？”

“在这方面，我自认为还可以。因为我不太把别人的提问当成是对我的挑衅，我会首先认为对方和我一样是想解决问题。但如果有不好的苗头出现，我会直接问对方：‘现在你是想解决问题还是故意找茬？’”

老刘说，养成提问的习惯、面对别人的提问保持良好态度的习惯应该是职业病。以前他在中科院做项目，从招标到检验，一个项目要接受很多评审专家的提问、质疑。作为技术骨干或项目负责人，他的任务之一就是吞下这些问题，然后一一解释清楚。

但来美国读博后，跟着他的导师G，他发现提问不仅仅可以是一种职业习惯，更高级的玩法是把它变成一种人生态度。他认识的很多美国教授、专家，越是大牛越不惧怕提问，而且他们对提问抱着欢迎的态度。

"'刘'因斯坦说过，质疑精神是科学进步的动力。"老刘说。

老刘和我讲了他的导师G是如何不惧提问和被提问的。

G在老刘所研究的领域也算有头有脸的人物了，是集物理、数学、神经学这些深奥的知识于一身的专家级学者。但他总喜欢提问，有时是怀疑的态度，有时是无知的态度。老刘是学电学出身，刚进G的组里不久就被G抓着问他一个关于电阻的问题。当时老刘都傻眼了，这个问题属于硕士生水平，作为一名博导、在这所大学创办这个系的开创者之一，怎么会问出这么傻的问题。

"在学问方面，G没有任何的不安全感。他从没在乎别人会不会觉得他是个白痴之类的事，他根本不吃这一套。也就是说，如果他不理解某个问题，他会直接问你，而不在乎自己这样问会不会听起来很愚蠢。他会不假思索地提出最简单的，甚至是'弱智的'问题——在这里，'弱智'这个词是褒义词。他会对你说：'我不理解这个问题，请解释一下。'他会一直追问下去，直至弄明白为止。"

不要不懂装懂，哪怕你是教授、专家、权威学者，也不该如此。G 真的做到了孔夫子说的不耻下问。

除此之外，G 还教会了老刘要据实提问。

每周开组会，G 会让他带的三位博士生依次详细解释自己的实验情况和进展。在这个环节中，G 常说的一句话就是：“我听不明白你在说什么。”

“是因为你的英文水平问题么？”我问。

“不是。如果是因为英语造成的不解，他会请我再重复一遍。但当 G 直接告诉你‘我不明白你在说什么’时，他是真的不理解你想要表达的内容，我只好换一种方式来解释。一开始我觉得他是不是理解有问题还是自己的表达有毛病，后来我明白了 G 这样做的原因。原来我并不是真正清楚自己所解释的事情。G 的每一次‘不明白’其实是在不断地驱使我进行深入的研究，直到我意识到自己确实还有一些不明白的东西。他通过不断提问迫使我进行深入思考。”

我和老刘就“如何提问”这个话题又深入谈了谈，得益于工程师“职业病”和受训于海外读博的历练，他总结了一套如何提问（包括被提问）的方法论。

◎提问目的：为了评价和修正自己的观点，而非捍卫自己的观点是“绝对、完美、无差错的”。

◎提问心态：要让别人明白，你的提问是为了好学上进而不是一争输赢。

◎提问前的准备：吸收大量信息。能够提出问题或者解答问题的人很多时候都是学富五车，他们提问未必是真的一无所知，而是明白答案不仅于此。所以，平时多积累，从各种渠道了解、收集大量知识和信息是非常必要的。

◎提问思路：列一张属于自己的“问题清单”。很多人不会提问是不知道要问什么，主要是没有思考发问的习惯。老刘有一张“问题清单”，一开始学习提问的练习者可以参考这张单子。

1. 他的说法客观 / 可信 / 让你信服么？
2. 为什么我要相信这个结论？
3. 理由充分么？
4. 哪些语句含义模糊？
5. 假设成立么？
6. 证据可靠么？
7. 数据源自哪里？
8. 推断过程有问题么？
9. 有没有被漏掉的信息？
10. 针对他的提法，我的其他 / 真实想法是？

◎分歧解决。提问与回答中一定会出现分歧和争辩，当僵持不下时，老刘提供了一些方法能很好地缓和“冲突”，让讨论继续深入下去。

1. 找到对方一致同意的地方（可以是结论、方法或者某一点），先回到这里稍作休息，再找出对话中产生分歧的原点。
2. 暂停提问，先表达出你认可对方的地方，重复后再用柔和、恭谦的语言重申自己的疑问、分析。
3. 注意自己的表情和肢体动作，不要让它们表现出傲慢和无礼。
4. 寻找中立的第三方加入，起到调控、平息的作用。

老刘说自己总结的这套方法论是受到美国畅销书作家尼尔·布朗《学会提问》里的启示。他非常认可作者提出的“淘金式思维”——在获取知识的过程中与知识展开积极互动。老刘把这种互动比喻为给大脑装了一个安检系统，任何知识在进入大脑后都要先经历一次系统的检查。

老刘说，好的提问高手总是会把一个问题留在心里，用这个问题去开启提问、讨论、思考。这个问题就是：我有没有可能是错的呢?

在“如何提问”这个话题即将结束时，老刘的手机提示音响了。他看了一下笑着对我说：“不好意思，我得先撤了。周末是我儿子3岁生日，今天周五他幼儿园的老师按照惯例提前给他庆生，有一个很小的生日聚会需要我和老婆去参加。”

我知道老刘和他老婆俩人自己在美国带孩子，岳父岳母每年过来3个月帮忙。碍于签证限制、老人家的生活习惯，这对“双职工”夫妻多数时候要能生活自理，而且读书、带娃两不误。老刘的儿子不到一岁就被送去了所在高校附属的日托中心，这家日托中心不错，但最大的问题是休假太多，在法定节假日、教师培训休假，在高校学生放春假、寒暑假时也休假（所幸暑假不是休息两个月而是两周），遇上美国东部冬季特有的暴雪天，为了安全，日托中心也休假。一年有1/3的时间都在休假。

他坦言，在照顾孩子上妻子承担的更多，但自己绝不是“云配偶”，接送孩子、给孩子做饭、周末陪孩子去图书馆、周末晚上哄睡、陪孩子参加小伙伴的生日聚会、圣诞节带孩子去迪士尼……能参与的他不会落下。

我很惊叹，他是如何在繁重的读博期间还能抽出时间陪孩子做这么多事情的。老刘说，他的武器就是与时间格斗。

利器二：与时间格斗

在老刘看来，人是没办法与时间做朋友的。朋友是什么？就是能在你有需要或者危难时拉你一把，在你悠哉时能陪着你一起乐呵的人。很明显，时间不行。你需要时间时，它常常不知所踪；

你逍遥时，它过得风驰电掣。所以，在老刘看来，时间不可能与我们为伍，但我们又不能视时间为敌，只能与它较劲、格斗，占得一点上风算一点。

什么叫“与时间格斗”？我让老刘解释得清楚点。老刘说，他之所以能读博、带娃两不误，就是因为用了两种方法与时间格斗：时间统计法和整块时间法。前者像一本账目，能让你知道自己的时间都去哪儿了，心有明镜，才能整合利用自己的时间；后者则能让你用有限时间从众多事情里专心做好最重要的那件事。

第一：时间统计法

时间统计法的发明者叫亚历山大·亚历山德罗维奇·柳比歇夫，和这个名字一样长的是柳比歇夫的头衔、身份：他是苏联的昆虫学家、哲学家、数学家、生物分类学家、生物遗传学家、文学批评家和科学回忆录撰写者；他一生发表了70余部学术著作，这些著作在国外广为翻译和出版，横跨五六门学科；他写的各种论文和专著累积达12 500张打字稿（他生活的时代用打字机）。单从数量而言，很多专业作家都要膜拜他了。

可以说柳比歇夫是个百科全书式的人物，但他最出名的绝不止此。在时间管理学中，有一种方法以他命名：柳比歇夫时间统计法。正是这种时间管理方法能解释：为什么他能横跨研究那么多学科？为什么他能著作等身？为什么他能在饱受战争和斗争的艰苦环境里还能活到82岁高龄？为什么他不看表就能知道自己做某件事用了多长时间且误差不过 5 分钟？为什么他能说得出自己 56 年来每一天都做了什么？为什么他在研究这么多学科的情况下还能不耽误娱乐和休闲？

这些都要归功于他枯燥但却价值无比的时间统计法。自从了解到这位大神和他发明的方法后，老刘对他崇拜得五体投地。

柳比歇夫在 26 岁时独创了一种时间统计法，通过记录每个事件的花销时间，通过统计和分析，进行月小结和年终总结，以此来改进工作方法、计划未来事务，从而提高对时间的利用效率。期间他不断完善这一统计方法，并一直沿用了 56 年，直到逝世，他从未中断过一天，即便在他的孩子去世的那天他也坚持记录。

时间统计法其实并不玄妙，他就是每天记录自己做每件事用了多少时间，然后分析时间、减少时间浪费，最后重新安排自己的时间。

之后，他每月会进行汇总与分析、每年会进行 12 个月的汇总与分析，以此来检验自己的工作效果、效率，进行调整、优化。

这种时间管理方法是建立在数学统计的基础上，通过记录每天消耗的时间让人们能正确认识自己的时间利用状况，并养成管理自己时间的习惯。具体来说可以拆解为以下四个步骤。

第一步：记录

运用各种各样的耗时记录卡准确地记录时间耗费情况。

第二步：统计

每填完一个时间区段后，对时间耗费情况进行分类统计，看看用于开会、听汇报、检查工作、调查研究、走访用户、读书看报等项目的时间比例有多大，并绘成图表。

第三步：分析

对照工作效果，分析时间耗费的情况，找出浪费时间的因素，如做了不该做的工作、做了应该由别人做的工作、做了浪费别人时间的工作、犯了过去犯过的错误、开会和处理人事关系时间过长等。

第四步：反馈

根据分析结果制订消除浪费时间因素的计划，并反馈于下一时段。

在整个过程中要遵循真实、准确、及时调整三大原则：真实是指工作现场的记录，而不是补记；准确是要求记录的误差不大于 15 分钟，否则记录就无使用价值；及时调整则是要尽快找出上一时段计划时间与实耗时间的差，并以此为根据，对下一时段的时间耗用予以重新分配。

当然，这一切的基础是坚持！坚持！坚持！

听老刘向我介绍完柳比歇夫的时间统计法，我的第一感受是：好厉害！但我真的做不到！对很多人来说，连与生活息息相关的消费记账都难以完成，何况是更抽象的时间记录。

“时间统计法好是好，但操作起来太费劲，我坚持不了啊。”

我和老刘说。

老刘说：

“虽然做不成柳比歇夫这样的大神，但他的时间统计法还是可以被我们借用，并改用为适合自己的时间管理工具。我改用的方法之一很简单：统计自己每次刷朋友圈、看微信公众号推送（除了用微信沟通工作、和家人朋友联系感情）耗时多久。我自认不是手机重度依赖者，对微信也不上瘾，把它当作沟通工具的时间远多于作为娱乐工具的时间，然而，我连续统计了3天，就发现自己错得多离谱。

“每次浏览朋友圈、打开文章推送时我都会记录开始和结束的时间。早上起来、上厕所、工作期间休息的20分钟、午饭时、走路时、忙完一天中的重要事情时、晚上睡觉前，我都会看一遍。每天我把微信作为娱乐工具打开的次数在8~12次，总共耗费的娱乐时间达2~2.5小时。一天24小时，而微信作为娱乐工具吞噬我的时间占比近10%，这个数字太恐怖了。”

“然后呢？你做了什么？”

“连续统计3天后我就做了一个决定：把每天刷微信的次数控制在3次内，固定好3个时间，每次耗时不超过10分钟，全天玩微信的时间控制在40分钟内。这还是有点多，但我也只能安慰自己起码比原来好很多，慢慢改进。至于多‘捞’到的时间可以用来陪娃、做做家务，总之都比对着手机屏幕强。”

老刘继续补充道：“我们不需要强迫自己像柳比歇夫那样精细记录自己的分分秒秒，但你掌握了这种方法就能帮助你搜索到那些被浪费的时间。然后找出这个时间，让它变得更有价值和意义。这就是时间统计法对我们普通人的作用。”

第二：每天拥有整块时间的必要性

老刘与时间格斗的第二个方法就是每天找到一个整块时间，通常 1~3 小时，用它去做一天中最重要的一件事。

因为不同的社会角色（对老刘来说是学生、助教、老公、父亲）而承担了不同的责任与工作，加上各种社交工具的影响，时间碎片化是在所难免的。老刘认为，时间碎片化有它自己的意义存在，能够充分利用可以事半功倍。但一天中最重要的那件事——无论是给小老鼠做脑补手术、读重要论文，还是陪孩子——一定要用整块时间来完成。

所谓“整块时间”就是每天用 1~3 小时去做一天中最重要的那件事。你不是去“找时间”“抽时间”或“挤时间”去做它，而是要把它写在显眼的地方提醒自己，关掉网络，尽可能不对外界事物做任何反应地专注做这件事。

为什么整块时间如此重要？心流这个概念我们早已不陌生。这个概念的提法最初源自美国心理学家米哈里·契克森米哈赖，他在观察艺术家、棋手、攀岩者及作曲家等时发现的。这些人在从事他们的工作的时候几乎是全神贯注地投入工作，经常忘记时间以及忽略对周围环境的感知。米哈里认为，这种由全神贯注所产生的心流体验不仅是精神上的一种最佳体验，在成事效果上也是最好的。想要进入心流状态，利用碎片时间很难实现，而整块时间是基础。

从成事效果更好的角度来看，这是我们需要整块时间的第一个理由。

其次，老刘还从脑神经学科的角度向我解释了整块时间的必要性。

“我先和你讲两个关于大脑的事实：

“第一个事实是，我们常常把大脑比喻成控制自己的‘老板’，其实并不准确。大脑中的注意力才是真正的大老板。大脑的注意力系统让我们可以感知、选择并引导大脑的信息处理能力，使我们专注于所有信息中特定的一部分。我们可以把注意力想象成大脑的指挥官，我们的注意力去往哪里，大脑的其他部分就跟到哪里。

“第二个事实是，在 2010 年，哈佛大学的研究人员曾开展过一项研究，他们请 2250 名成年人在一个 iPhone 的应用程式中记录下自己每日的想法与行动，并将最终研究成果发布在《科学》（*Science*）期刊上。研究表明，人脑有 47% 的时间在神游，这种神游又常常会诱发不愉快的情绪。而造成我们神游的主要原因是外界干扰和压力。

“我们因为压力、外界干扰等因素造成了近一半的‘脑浪费’，让大脑在做无用功，所以我们应该找到一个方法去控制、减弱这种浪费。当下流行的冥想、正念训练等，虽然其效果还有待科学验证，但殊途同归，目的都是让你在一个较长的时间段里把注意力集中在当下，从而更好地去恢复精神、让大脑高效运转。学会适应整块时间并用它做事就是在帮助自己训练大脑的专注力。”

“整块时间”这个概念让我想到了管理学之父彼得·德鲁克曾说过的一句话：时间如果能集中，即使只有一个工作日的1/4，也足够办理几件大事；如果时间被分割成许多段，就等于没有时间，零零碎碎的时间加起来，就算总数有3/4个工作日，也是毫无用处。

老刘的时间观之一是：在整块时间里专心做好最重要的那件事，就是在节约时间、珍爱生命。

和老刘认识越久，你会发现这个已过35岁的中年男居然一点都不油腻，而且也没弄丢那颗赤子之心。他没有发福的大肚子，没有让人堪忧的发际线，也不会随便给年轻人“上课”、讲道理。反而，他对很多事情充满孩子般的好奇心，想追踪外星人、想知道麦田怪圈的真相、会被热血动画里的男主角感动。无论怎么看他，他都像个大男孩。我和老刘的妻子关系也很好，我们诚挚地展开了一场中年妇女水平的谈话：“你家老刘看起来就像个大男孩，让你操心么？”

“完全不会。如果让我说他最大的优点是什么，我首推靠谱。和这样的男人生活在一起，你会有底气。”老刘的妻子一脸幸福。

“怎么算靠谱？一起带孩子？做事认真？”我问她。

老刘的妻子想了想，告诉我：“凡事都有备选是老刘靠谱的最大表现。”

她随便说了一件老刘靠谱的小故事。俩人刚结婚后出去旅行，拿行李时她发现机场把自己的行李箱弄丢了。费了一番折腾后，得到的回复是“找到会即刻联系归还”。证件都在老刘那里，问题不大。唯一的小问题是，老刘的妻子是极易过敏体质，她穿的内衣裤都是“特殊”防过敏型的，不太容易买到。而且他们刚到一个陌生的城市，坐了好几个小时飞机，又是炎热的夏季，俩人找行李在机场折腾了半天，已经筋疲力尽。俩人只想尽快到宾馆冲凉、休息。洗澡前，老刘从自己的行李箱里拿出一套老婆的内衣裤，说：“知道你皮肤容易过敏，每次出远门我都会在自己的行李箱里备一套你防过敏的内衣裤，没想到这次用上了。”

老刘的妻子告诉我：“我们家所有的重要文件、保险卡等东西他都会备一份复印件，防止丢失补办或官方需要查看时使用。每次去医院预约，前台给的提醒卡他都会拍照存档，然后设置提醒。就算忘了提醒，他随手翻翻手机照片存档也能看到。带孩子出去旅行也是一样，有正常攻略，也有‘以防万一’的备用计划攻略。有时你会觉得麻烦，但一旦有一次你在陷入麻烦中用上了，你就会知道不虚耗时。”

之后，在一次小团体聚餐中，我问老刘是不是搞科研的人都喜欢来个备用计划，他说，不知道是不是别人都如此，但他自己真的喜欢制订备用计划，让人安心。

利器三：
“2=1, 1=0”——始终有备用计划

“2=1, 1=0”这句话是某次老刘从一位海豹突击队军官的采访中知道的，它的意思很直白，就是说一定要有后备计划。假如某样东西你有两份，这样万一其中的一份被毁掉或丢失了，那么你手里还能剩下一份；但假如你只有一份，而这份被毁掉或丢失了，那你将一无所有。

这个想法与老刘的习惯不谋而合，而这个习惯的养成可能和老刘曾经是一位工程师有关。

“作为做项目、产品的工程师，我必须要消除工作中出现的‘单点故障’。单点故障是指系统中一旦失效就会让整个系统无法运作的部件。换句话说，单点故障就是整体故障。”老刘说，无论是设备、计划还是办法都要有备用的，才能确保在紧急状况出现时有机会翻盘。

2018 年年末，美国加州前州长、著名演员、导演、制片人阿诺德·施瓦辛格发表了一段时长 12 分钟的演讲，在视频网站上点

击率过亿。演讲内容充满激情，施瓦辛格在里面提到他个人讨厌备用计划，他说：“每一次你想备用计划，你的想法和能量会从你的计划和目标上分散。在体育和其他事情上没有备选计划的人表现得更好。人们喜欢备用计划的真正原因是害怕失败。”这话不是没有道理。

有时候，拥有一个让人安心的备用计划可能会磨损我们在原计划中的初衷和决心，让你觉得“再坏也坏不到哪去”。抱有这种想法是不可能勇往直前的。如果你做的备用计划让你产生了这类过于安心的想法，那就需要检查一下了。

不要把备用计划当成给自己留的一条后路，而是确保它符合以下二者其一：

◎实现一个新的目标，虽然和最初目标不同，但也是“不相上下”让你满意的；

◎和最初目标一致,都是为了达到更高层次的那个最终目的。

小结

利器一：懂得提问的价值，学会提问

提问目的：为了评价和修正自己的观点，而非捍卫自己的观点是“绝对、完美、无差错的”。

提问心态：要让别人明白你的提问是为了好学上进而不是一

争输赢。

提问前的准备：吸收大量信息。

提问思路：列一张属于自己的“问题清单”。

提问中分歧的解决：

1. 找到双方一致同意的地方（可以是结论、方法或者某一点），先回到这里稍作休息，再找出对话中产生分歧的原点。

2. 暂停提问，先表达出你认可对方的地方，重复后再用柔和、恭谦的语言重申自己的疑问、分析。

3. 注意自己的表情和肢体动作，不要让它们表现出傲慢和无礼。

4. 寻找中立的第三方加入，起到调控、平息的作用。

利器二：与时间格斗

1. 时间统计法的四个步骤：记录、统计、分析、反馈。

时间统计法的三大原则：真实、准确、及时调整。

2. 每天找到并用好整块时间。每天找到一个整块时间，通常 1~3 小时，用它去做一天中最重要的一件事。

利器三：“2=1, 1=0”——始终有备用计划

备用计划原则：

1. 实现一个新的目标，虽然和最初目标不同，但也是“不相上下”让你满意的；

2. 和最初目标一致，都是为了达到更高层次的那个最终目的。

思考与练习

1. 找一段访谈、讲演或课程，按照“问题清单”上的 10 个问题去提问、回答，看看自己是否吃透内容。

2. 尝试用“时间统计法”去做时间管理，记录自己每天在每件事的时间开销，一周后总结自己把最多的时间都花在了哪里，看看有哪些时间花销是可以减少或避免的，然后按照调整后的生活方式再记录一周，对比自己这两周的进步。

3. 思考目前对自己生活上最重要的 2~3 件事，如储蓄、恋爱、进修等，看看每件事是否有紧急情况发生时的备用计划。

第三章

面对挫折，敢于破局

——克莱尔斯：得病也是一种好运

我和克莱尔斯相识缘于一次采访。那时，我要写一篇关于HPV（人类乳头瘤病毒）疫苗在国内普及情况的文章，文章的一部分内容涉及美国女性群体对该疫苗的看法和接受情况。我请朋友帮忙推荐身边适龄的女性让我采访，克莱尔斯就是其中一位。

克莱尔斯给我的第一印象是瘦，是那种女明星刻意为之才会有的瘦。如此瘦弱的身体，难以想象她是如何在4年内完成了繁重的博士学业，并在一个月前刚刚获得哈佛医学院博士后的工作的。

我原本只是打算问几个关于HPV的问题，但在闲聊中得知克莱尔斯身体瘦弱的原因，她小时候患有小儿麻痹，曾在轮椅上度过一段时间。虽然后来痊愈，但体质一直孱弱。听她讲到这里，出于礼貌我说了声抱歉。克莱尔斯咧嘴一笑："不，千万不必为我感到抱歉。你知道得小儿麻痹这段经历我有多幸运么？第一，我以后基本不必为长胖这件事糟心了。第二，如果不是这段经历，我不会在小时候就确立非常清晰的人生目标，自然也就不会有读博、去哈佛这些经历了。"

这就是克莱尔斯，一个能把得病也视作好运的女生。于是，我和克莱尔斯的交谈从 HPV 疫苗转到了她的故事。

“你能相信我运气有多差么？虽然接种了脊髓灰质炎疫苗，但还是在 4 岁那年得了轻度小儿麻痹症，这种极小概率事件都能让我碰上。所以，从 4 岁到 5 岁那一年，我有一部分日子是在轮椅上度过的，幸运的是，后来被治愈了。”

“你读博期间的研究方向是智能轮椅，这跟你小时候患病期间坐轮椅这段经历有关么？”我问她。

“当然！你无法想象让一个四五岁本该活蹦乱跳的孩子坐在轮椅上有多痛苦！看着别的孩子在外面到处乱跑、打球、下水嬉戏，而我连走路去上厕所都不能随心所欲，还得让父母帮忙。现在回想起来，轮椅对那时的我而言就是一个监狱，除了最基本的代步功能外一无是处。那时我就想，如果坐在轮椅上我能不用双手而是让它自动前进就好了，甚至再聪明点，让它帮我翻书，还可以一起和别人玩游戏就更好了。”

“你说的一些功能现代智能轮椅都已经实现了，像霍金用的那款轮椅几乎可以执行所有高级的指令，完全就是智商很高的机器人。”

“对，但霍金的那台轮椅造价超过 600 万美金，普通人是不可能享用到的。现在稍带点智能功能的轮椅价钱都非常高，动辄四五万美金，普通人也负担不起。而我做的工作就是将智能轮椅模块化，用算法替代轮椅上的硬件，从而降低生产成本，让病患都能用得起。”

说起轮椅的实验研究，克莱尔斯谈得津津有味，但一连串的专业名词从我耳边飘过时我有点坐不住了。毕竟我不是她的同行，也不是投资商，比起了解如何制造一台成本低廉但功能齐全的轮椅，我更想知道克莱尔斯是如何走到今天这一步的。我本以为，让她勇于攀登科研高峰的贵人应该是她的父母、家人或者老师之类的人，没想到是一个完全没有血缘关系甚至连面都没见过的人坚定了她的决心。

这个人的名字叫尼古拉斯·麦卡锡（Nicholas McCarthy）。尼古拉斯·麦卡锡是一位英国职业钢琴演奏家，他的成就可能不及当代的钢琴大师们，但有一点是大师们所比不上的，尼古拉斯天生没有右手，他的钢琴演奏完全只靠左手完成。这位被称为“单手传奇”的钢琴家已经在世界各地演出近 10 年了。

克莱尔斯的父亲是英国人，有一年他们全家回英国度假，她从当地的报纸上读到一则新闻，报道皇家音乐学院录取了一位特殊的学生尼古拉斯·麦卡锡。他生于 1989 年，生来就没有右手，14 岁开始学习弹钢琴。报道上写，过去有很多人跟他说：“你没有右手，还错过了学钢琴的最佳时间，永远都不会成为一名钢琴演奏家的。”后来，事实证明，这些不看好尼古拉斯的人错了。

克莱尔斯说：“当时我的小儿麻痹症已经痊愈几年了，我在内心萌发过要制作更酷的轮椅的想法，但也仅停留在白日梦的阶段。我父母是教文科和艺术的中学老师，全家没有一位工程师，所以我受到的科学启蒙很有限。而制作更酷的智能轮椅意味着你要有很扎实的理工科知识、要读到比较高的学位、要接受好几年艰涩枯燥的专业训练，还未必能成功。我不确定自己能完成这些。尤其当时，在我读书的时候总有‘女生学不好数学的’‘女生难成为科学家’这样让人沮丧的声音冒出来。所以我相当怀疑自己的理想。”

“但尼古拉斯·麦卡锡让你有了自信？”我猜测了一下。

“对。当时我读完这则新闻，被照片上独臂的他震撼了。虽然我小时候听过不少身残志坚的英雄故事，但当你看到有个比你大不了多少却突破身体极限达成所愿的平凡人出现在现实生活中时，那种震撼非常强大。我当时就想，作为一个曾经‘残缺’过、后来痊愈的人，我还有什么害怕的？尼古拉斯让我明白，永远不要害怕做你力所不能及的事！”这是克莱尔斯从尼古拉斯身上学到的，也是她人生前行路上的第一个利器。

这些年来克莱尔斯一直关注着尼古拉斯的新闻。2012 年，他从著名的伦敦皇家音乐学院毕业，成为皇家音乐学院 130 年历史中唯一一位从该校毕业的单手钢琴家；他已经在全球各地演出多次，其中包括同酷玩乐队（Coldplay）一起演出，面对现场 86 000 名观众和全球 5 亿名电视观众演奏残奥会会歌；他在全球发行了第一张专辑，并获得了广泛赞誉。

利器一：

“永远不要害怕做你力所不能及的事！”

恐惧，是人的本能。在远古时代，恐惧是人类自我保护的一种生理机制，它被视为一种有益的、正面的情绪。但到了近现代，恐惧被多数人解读成一种消极的、不利的情绪。克莱尔斯认为，究其原因是现代人把恐惧当成了“放大镜”，无限放大了可能出现的后果。

“你从青少年时代就开始‘无所畏惧’了，这真的很了不起。”

“我不是无所畏惧，我只是在面对恐惧时会动用一套机制来帮助自己克服恐惧。”

克莱尔斯向我介绍了她的这套“恐惧克服”大法，可以分解为四个步骤：

◎第一步：面前这个令自己害怕的问题，如果按照危害、危险、风险三个等级来划分，属于哪个等级？

危害：一定不能碰的东西，碰了会伤及生命、精神，如玩火、和已婚人士恋爱、一边开车一边打电话等。

危险：在掌握特定技能后可以尝试的，如跳伞、潜水。

风险：小心应对就可以控制在安全范围内的，如经济承受能力范围内的投资、去陌生的地方旅行。

如果确定是危险和风险级别的，说明可以应对，可以接下来看第二步。

◎第二步：问自己恐惧的原因——是害怕失败还是害怕别人的评价？

害怕失败和害怕别人的评价，通常是令我们恐惧的两个原因。比如：想跳槽但又害怕找不到工作、靠父母接济、还不起下个月的房贷；想申请顶尖的大学、更好的职位，但又担心旁人说自己不自量力。可有时候，我们为人生做出的一些选择充满了高风险，却不会感到恐惧，漫不经心地就做了决定。比如：害怕主动跟别人搭讪、对心仪的人告白，却愿意将就结婚；害怕辞掉一份不适合的工作，但却愿意在一个毫无意义的工作岗位上耗掉大半生。可见，我们的恐惧在多数时候都是不理智的。

斯多葛学派的哲学家塞内卡曾说过，“折磨我们的往往是想象，而不是真实”。这是对恐惧最一针见血的解读。

所以，让自己平静下来，理智地问自己一个简单的问题：失败时，我失去了什么？一份工作、一份薪水、一个不适合做朋友的人、一个改变自己命运的机会……但当你不付诸行动时，这些看上去“完好无损”的事物与人，真的有对自己的人生起到推进作用么？

◎第三步：用正面积极的角度看待恐惧。

克莱尔斯说，有个人改变了她对恐惧的看法，教她用更加积极、正面的眼光去看待恐惧这件事。这个人就是卡伦·汤普森·沃克，她让克莱尔斯明白，我们可以将恐惧视为一种智慧。

卡伦是美国畅销小说作家，她从自己写作的经历出发，认为恐惧如果得到正确的解读会变成一种智慧。

卡伦说，当我们把恐惧看作一个“故事”，投入到其中，不要回避自己的恐惧，而是认真解读并研究恐惧，然后把恐惧转换成准备和行动。这样，如果最坏的事情发生了，我们也是有所准备的。如果我们都试着解读自己的恐惧，我们就能少被其中的一些幻象所迷惑。我们也就能少花一点时间为系列杀手或者飞机失事方面的事担忧，而是更多地关心那些悄然而至的灾难：动脉血小板的逐渐堆积、气候的逐渐变迁。用正确的方法解读，我们的恐惧就是我们的想象力赐给我们的礼物，借此一双慧眼，让我们能管窥未来甚至影响未来。

恐惧和我们认为的沮丧、生气、低落、悲伤等这些情绪一样，看上去带着消极的样子，其实都有着积极的意义。正是因为它们的出现，才让我们意识到自己内心的状况和问题，或者让内心找到一个宣泄口，把堵塞的情绪都排解出来，好让我们继续顺畅地生活下去。

◎第四步：“我做了一件失败的事，但那不等于我是失败的。”

斯坦福大学心理学教授卡罗尔·德韦克提出的成长型思维和

固定型思维理论在全球得到很多人的认可。拥有固定型思维模式的人认为，无论尝试任何有意义的方式，一个人的性格、智力或者创造力都是天生的。一个人想要获得成功也是与天生的智力息息相关，努力获取成功或避免失败成了这些人毕生追求的目标。而且，他们一旦失败，就会自怨自艾，一蹶不振。拥有成长型思维模式的人，他们乐于接受挑战。这类人遇到挫折通常不会怨天尤人，而是把这次失败作为成长的跳板，积极地去扩展自己的能力。

非常恐惧失败、恐惧别人评价的人其实就是带着固定型思维，把自己没做成功的事等同于自己失败。这种想法很普遍且看上去有逻辑：如果我做事失败了，就意味着我不够聪明……这里面“我做的事”就代表着“我自己”。

我问克莱尔斯：“这有什么问题么？我没做成功的事的确就是我自己的失败啊。”

克莱尔斯说：“这种想法其实是大脑不喜欢分析复杂细节的本能所致，将一切事物尽可能简化、总结。这就好比你数学考试考了满分，人们通常会说‘你数学真好’‘你好聪明’。但数学考满分（尤其是不常发生时）和数学好、聪明只有相关联系，并不一定有因果联系。可我们不会做如此细致的区分。你数学考满分的唯一事实是：你是一个在某年某月某日考了数学满分的孩子。至于是否擅长数学、聪明，还需要得到长期的、一系列的验证。

不应该将这两者混为一谈。”

克莱尔斯告诉我，如果我们能厘清一件事做失败了不等于自己是失败的，就是在用成长型思维模式来思考问题、看待自己。我的智力是可以增长的，如果我做事失败了，就意味着我又学到了新的东西，这里面“我做的事”并不代表“我自己”。而擅用这种思维模式的人面对恐惧会勇敢很多，因为他们不是将恐惧视为结局，而是视为进步的必经之路。

克莱尔斯非常崇拜美国总统富兰克林·罗斯福，她说罗斯福是一位真正的勇士。罗斯福曾说过一段话，很好地解答了我们为什么不该恐惧失败、不该恐惧别人的看法。他说：

“荣誉不属于评论者，也不属于那些坐在一旁对做事人指指点点、品头论足的人。荣誉归于竞技场上的人，他的面容被尘土、鲜血和汗水所模糊，他骁勇无惧，却也不断犯错，他一次又一次的失败。因为只要努力，就会犯错，就会暴露缺陷。他实实在在地在奋斗实践，他对事业充满热情，全情投入，他毅然投身于有价值的事中。当他站在竞技场内，至好他能获胜，至差他会战败。但是，当他失败，他失败得如此无所畏惧。那些冷漠而胆小的灵魂既没有机会了解胜利，也没有机会了解失败，他们将永无和他相提并论之日。”

不逃避恐惧、不被恐惧控制，同时还能让恐惧成为自己进步的动力，这就是克莱尔斯“不害怕做自己力所不能及的事”的秘密。

利器二：学会从长计议

当你能够用上面的态度和方法去面对因为恐惧而被卡住的困难时，接下来要做的就是像孩子一样去付诸实践。孩子想做一件事时总是无所顾忌的，我们需要这种精神，但在无所顾忌的同时要加一点理智和智慧，那就是从长计议后再开始无所顾忌。

克莱尔斯又和我谈到独臂左手钢琴演奏家尼古拉斯的故事。

尼古拉斯在一次采访中曾说过："当时我的老师是这样说的：'你不应当成为一个取悦观众的小丑，尤其不能做电视选秀的参赛者，那些都只是昙花一现……'我很庆幸自己接受了她的建议，因为我本可能成为那种所谓的达人，在一两年的时间里快速赚到一大笔钱。那样的话，我肯定无法得到今天作为真正的钢琴演奏家所得到的尊重，肯定不会有自己的事业，不会一直有机会去世界各地演出，未来也不会在自己 60 多岁的时候还继续从事着这份职业。"

克莱尔斯说，这段采访也影响着她，让她明白不要利用自己身上的特殊之处去走捷径，或者赚取"绿色通道的门票"，而要踏实把真本事练好。最苦的路往往是真正的捷径。

"我在申请学校、项目或者参加比赛时，从来不会提及我曾经是残疾人这件事。在美国，如果你稍微带一点'弱势群体'的特质是非常容易得到便利的。我不是说向别人展示自己伤痛不好，这只是个人选择，你可以打开心扉，也可以选择什么都不说。我选择后者，是因为我对自己的意志力没有足够的信心，我担心便利来得太容易，消磨了自己应该付出的努力。”

克莱尔斯说她更愿意像尼古拉斯那样，通过认真走好每一步来获取成就。这需要一个人有足够强大的意志力去抵御诱惑（毕竟一条捷径就在眼前），以及有清楚的头脑去从长计议自己要走的每一步路。

我问克莱尔斯：“你所谓的从长计议是定目标、列计划么？像很多人会做的那样：清晰目标、明确重点、落实计划、调整优化、合理奖惩，把每一步都落实贯彻。”

“你说的是做计划的方法，这确实是我需要做的，但我指的从长计议不仅仅是只做这些，而是学会用长路径思维方式来计划事情。”

长路径思维方式是由美国人阿里·华莱士提出的理论，他毕业于伯克利大学，是一位未来主义者，也是一家战略咨询公司的创始人，致力于通过制订长远计划、战略为个人、商业组织、政府机构和非营利组织服务。

阿里认为，人不应该只懂得用短视思维去考虑问题，虽然长路径思维并不是一个一劳永逸的做法，但“只有当我们摆脱在思维模型和思维地图上的短视时，我们才可能见证美好的来临。”

长路径思维方式其实就是教我们如何做好长远规划。克莱尔斯通过自己的例子向我们介绍了长路径这种看上去有点抽象的思维方式，有三种方法。

第一种：学会跨代际的思考

克莱尔斯说她是一个喜欢异想天开的人，年纪轻轻就喜欢问自己一些很“沉重”的问题，比如：我来到这个世上一趟能为这个世界做点什么？将来我的去世是否会给这个社会产生一些影响？我的子孙后辈如何看待我？我能为他们树立一个什么样的榜样？

这可能与她小时候翻爸爸书柜上的那些哲学书有关。柏拉图、苏格拉底、哈贝马斯、海德格尔让她看到，人是可以跨过吃喝拉撒、柴米油盐这些日常生活中的小问题去问一些更大的问题，这就是跨代际的思维方式——瞄准伦理、准则性问题向自己发问，不断扩展对这些问题的看法，最终明确你在解决它们的过程中扮演的角色。

这有点像一镜到底的长镜头，你只有把视角拉得足够远，才能对全貌有更全面、清晰的认识。

第二种：面向未来思考

面向未来的思维方式更接地气，主要用 10 年、15 年的尺度去思考自己的未来，或者干脆跳出现在的轨道去思考未来，在脑海中描绘出愿景。

比如我自己想象一下：读完博士，我是更愿意再花 5~8 年的时间去读博士后、找高校教职，然后安安稳稳、心无旁骛地在校园里从事我的智能轮椅研究；还是毕业后直接冲到行业一线去了解最新的行情、趋势、市场，参与竞争、说服投资人砸钱，甚至加入一个酷炫但初创不稳定的团队，不成功便成仁？15 年后，我还想继续研究这个方向么？有没有别的备选课题是我可能感兴趣的？或者，干脆我不做科研了，还能去做什么来完成儿时发明更酷的轮椅的理想？

面向未来的思考不仅限于时间长度，还可以是对空间、当下生活宽度的扩展思考。

第三种：目的论思维

目的论思维方式就是在一些节点处暂停一下，问自己“现在怎么样了”，去审视自己目前实现短期目标的状态和成果。要变成那个未来的我，现在的我可以做些什么？每隔一段时间或者完成一件重要事情时，就问自己：怎么样了？还差多远？

克莱尔斯说，大多数人都喜欢制定短期目标，这很有意义，因为它更落地、容易出结果。但如果不学会从长计议，只考虑眼前的一亩三分地，渐渐地就会失去把握未来、超越当下生活、解决大问题的能力。就像一个从来不重视自己健康的人，当他面临重大疾病时，除了慌乱和绝望，鲜少作为。

从长计议会迫使我们去思考那些虽不紧急但很重要的问题，

而思考这些问题、找出解决办法、踏实走好脚下的每一步，才是过好自己一生的方法。

在和克莱尔斯聊天的过程中，我能强烈感受到她的乐观。很多在常人看来糟心的事，她都能用另一种态度去解读。比如，将儿时患病的经历视作一种好运；把和相恋5年的男友分手视为“终于可以和科研谈一场一心一意的恋爱了”；把疼爱她的奶奶的去世看作“奶奶觉得人间没意思、不好玩了，所以离开了”。我们都知道凡事有好坏两面，但真正能看到两面，并坚持用积极的一面去取代阴暗那一面的人太稀有，而克莱尔斯绝对是来自乐观星球的人。

我问克莱尔斯，是儿时身陷残疾又康复的经历让她拥有了强大的乐观精神么？克莱尔斯说肯定是，人其实很容易知足，行走这么简单的事，让你失而复得一次，你就能心怀感激一辈子。除此之外，她家人乐观、积极、正面的人生观也影响着她，或者说被她传承。我想，这是长辈们遗传给后代的一份大礼，也是克莱尔斯的第三样利器。

利器三：
身处黑暗，心向光明

克莱尔斯和我讲了一件她妈妈的小事，从中能看到这家人真是用生命在乐观。

她的妈妈成年后和很多美国孩子一样去考驾照，但考了2次路考都没通过。她所在的那个州有规定，路考3次不过就要等半年后再考，而妈妈和同伴们约好了3个月后要去自驾跨州旅行，算是送给自己的高中毕业礼物。妈妈的同伴们都很沮丧，认为这次自驾游要泡汤了，考虑是不是多打一份工赚钱买机票。她妈妈却说："你们应该为我感到高兴，我宁愿再考100次，也不愿意因为驾驶犯规被交警抓住，或者在高速公路上犯错误开车撞到别人……我实在想不出一个负面的理由来说明没有通过驾照考试是一件坏事。"

我的家人从来不认为自己的生活中有真正糟糕的事，那些"坏着"的事情一定有它存在的合理理由，它们只是暂时的。把问题找出来并解决掉，坏事就会变成正常的好事。就像我很喜欢的一位美国编剧艾伦·布伦内特说的"身处黑暗，心向光明（Surrounded by darkness yet enfolded in light）"。

小结

利器一："永远不要害怕做你力所不能及的事！"

恐惧克服大法：

◎面前这个令自己害怕的问题，如果按照危害、危险、风险三个等级来划分，属于哪个等级？

◎问自己恐惧的原因：是害怕失败，还是害怕别人的评价？

◎用正面积极的角度看待恐惧。

◎我做事失败了不代表我这个人是失败的。

利器二：学会从长计议

◎跨代际思维：学会问自己大问题。

◎面向未来思考：延伸时间的长度和空间以及当下生活的宽度去思考。

◎目的论思维：在一些节点处暂停一下，问自己“现在怎么样了”。

利器三：身处黑暗，心向光明

生活中糟糕的事情有它存在的合理理由，而且它们只是暂时的。你可以把问题找出来并解决掉，坏事就会变成正常的好事。

思考与练习

1. 写下令你恐惧的几件事，然后追问自己是害怕失败？还是害怕别人的评价？或者有其他的原因？

2. 写下自己曾经失败的事，回忆自己当初是什么感受？用现在的视角看，你又是如何看待这次失败的？它是否还像你当时想的那么严重？

第四章

把事情做到极致

——菲尔：把“有条理”这件事做到极致

菲尔是一位奇人，如果你看过他的书包里的物品后，会和我发出一样的感慨。如果菲尔开始拉开书包，你将会看到以下这一幕：

他会先拿出一本书和一本笔记本，接着拿出一个尺寸偏大的透明的笔盒，里面整整齐齐排放着七八根笔，按照记号笔、铅笔、油笔分门别类排好，而不是像我们小时候用铅笔盒那样，把所有笔都堆放在一起。在笔盒的右下角还有一个小格子，里面放着大小正好的橡皮擦。接着，他又拉开书包的另一个拉链，取出笔记本电脑。笔记本电脑被装在一个深米色的笔记本电脑袋里，在袋子的外层，他又掏出了鼠标。

然后在书包某个固定的角落里还装着一个半透明的小盒子，这是一个用 3 个小盒子连在一起的小储物盒，每个盒子里装着不同的零食，有坚果、巧克力豆和口香糖。在这个半透明的小盒子旁边还放着一个更小的盒子，是药物专用盒，打开它的盖子，里面被分成 2 块区域，装着不同的维生素。

我有理由相信，普通人的书包是书包，菲尔的书包是个小世界。

在这个小世界里，一切都按照长度、尺寸、大小、类别进行布置和放置，包括电脑电源线绕几圈。如果菲尔能认识美剧《生活大爆炸》里的谢尔顿，俩人在物品整理这块应该会相谈甚欢。

菲尔是土生土长的美国人，正在攻读电子工程学博士学位。他和老刘一起上过几门专业课，两人有相似的专业背景，都是在工作几年后辞职读博士。这些类似的背景让他们更有共同语言。靠着老刘的关系，我对菲尔的了解也越来越多。

菲尔是我认识的博士里对学术不感兴趣，但对未来走什么路又想得很清楚的人。

大部分读博士的人毕业后首先想去高校工作，做两三年（甚至更长时间）博士后，进入一所高校留任，从讲师做起，到副教授、教授，取得终身教授职位，这是一条最传统的科研道路；或者去研究所、大公司的研发部门从事研发工作。无论在什么样单位工作，博士生想从事的工作都是围绕"搞科研"这个词。每个寒窗苦读多年的博士，谁不希望在攀登科研的高峰上为人类或世界留下点科研成果呢？

但菲尔不同，他是我至今遇到的唯一一个说"自己不适合做科研，但必须要拿下博士学位"的人。我之前问过菲尔，何必自讨苦吃，既然知道自己不适合搞科研，为什么还要踏上博士这条"不归路"？很多业内人士认为，从事工程类工作是没有必要去读博士的，况且菲尔之前在高通这样的大公司已然做得四平八稳，我实在想不出他抛弃高薪、安逸，花费四五年的艰苦时间拿下一个博士学位的必要性。

菲尔说："我读博士的初衷很简单，因为我想在高校当老师，不是做科研的那种教授，而是单纯授课型的老师，博士学位是我取得这份工作的敲门砖。"

为什么想教书育人？这个志向还得从菲尔小时候是一位"学习障碍"儿童说起。

美国联邦教育署对学习障碍的定义是，个体在涉及理解或运用语言（口头或书面语言）方面的一种或多种基本心理过程出现的失常。这种失常可能表现在听、想、说、读、写、拼音或数学计算方面的能力不足，但不包括由视觉、听觉或运动系统缺陷和智力落后。

"我刚进小学时就被确诊为学习障碍，感觉文字总是在我眼前跳舞，我不理解文字所要表达的意思；写字时我经常颠倒或者拼写不全。虽然大家都说'没关系，配合治疗和开办的特殊教学，你会恢复正常的''你不是一个人，现在有很多小朋友都被确诊为学习障碍'，但'问题儿童'的帽子总是扣在你的头上，小朋友吵起来难免会拿这个说事，老师对你的温柔是出于同情而非喜欢。所以我的童年过得不太好。"在某次一起吃午餐时，我们聊起他不愉快的童年。

"啊，如果你告诉我一个学习障碍儿童未来能进入高通这样的世界著名企业，并且还能进入美国公立常春藤之一的高校读博士，这也太不可思议了！”我倒是没被贴上过“学习障碍”的标签，但和菲尔相比，我觉得自己更像“学习障碍”患者。我和他说：“你一定要和我讲讲你这一路走来的励志故事。”

“哪有什么励志故事，不过是碰到了一位好老师，改变了我对自己的评价。”菲尔露出温暖的笑容，接着说，“自从被确诊后，我非常没有自信。每当我想努力学点新东西时，内心深处总会有个声音告诉自己‘别费劲了，你做不到的’。所以，我一直用很消极的态度在学习。后来，特殊教学班里的一位名叫艾瑞克的老师改变了我。有一次上课时，他见我再次心不在焉，就停下教学，看着我说：‘菲尔，我要和你认真谈谈。’我带着那种‘你谈你的，我无所谓’的表情看着艾瑞克。但那场交谈彻底改变了我。”

“这位艾瑞克老师到底和你说了什么，有这么大的魔力。”我迫不及待地问菲尔。

“他说：我要和你道歉，很抱歉你正在被特殊对待。要知道，也许有问题的不是你，而是我们的教学。不是你有学习障碍，而是我们的教育系统有教学障碍。许多小孩子被贴上‘学习障碍’的标签，但实际上他们是超级学习者，只不过他们在学习上的超能力被一些其他方面的缺陷抵消了，而老师们解决不了他们真正的问题。要知道，仅仅通过学校和一些所谓被认证过的人，也就是老师来断定一个孩子的学习能力，是非常狭隘的。你是一个非常聪明的孩子，我希望你能找到非常规的方式来证明那个‘学习障碍’的标签是错误的。”菲尔一口气流利地说完了这段话。

“我想这段话一定对你意义非凡，过去20多年了，你居然还能记得这么清晰。”

“是的。当时的我先是被震撼，然后被感动，回到家，我凭着自己的记忆把这段话写在了日记本上。这么多年来，每次我在求学的路上遇到困难时，都会翻出这段话，让它帮我越过这道坎儿。”

“事实证明艾瑞克老师是对的。”

“我不知道他的判断是对的，还是那段话对我产生了神奇的影响。总之，我开始接受学习这件事，并且变得越来越主动和努力。从小学三年级以后，我就撕掉了‘学习障碍’的标签，并且在中学时，还跳级一次。在我的学生生涯和初入职场阶段，我一直在考虑一位好老师对学生的影响。从教学经济学的角度考虑，我们的教学模式要求作为核心演员的教师一个人带领一个教室中20个或更多的学生保持步调一致的发展。但这并不是理想模式，我希望让尽可能多的孩子摆脱这种有害的教学模式，或者说，就算自己能力有限，无法改变现有模式，也能凭借一己之力对更多学生产生积极影响。就像艾瑞克那样。”菲尔脸上带着严肃的神情。

“可是你想成为老师，怎么又会跑去做工程师了？”我不解。

“因为实现目标的路一定不是一帆风顺的，目标即便清晰，该走的弯路未必会少。”

菲尔所谓的“弯路”是因为他的父亲在他读高中时意外病逝，家里的经济环境不好，母亲自己带着他们兄妹 4 人靠着微薄的工资和政府补助勉强过活。菲尔非常需要一份薪资尚可的工作养家糊口。在美国，中小学老师薪资普遍不高，于是菲尔选择成为一名大公司的工程师。

“大公司里的工程师薪资会比老师好不少，但我做这份工作真的很没有成就感。我就像一个螺丝钉被镶嵌在某个小地方，只能每天按部就班地做着那些我提不起兴趣的工作。我不是说工程师不好，只是有人热爱画图纸而我更爱的是站在讲台上。但拥有 5 年的工程师生涯也并非一无是处，我从这个职位上受益颇多。现在回顾工程师这段经历，它能让我成为一名更好的老师。”

我有点困惑，工程师能让人成为更好的老师？没听说过这个思路啊。我急着问菲尔：“工程师这段经历到底怎么帮你成为一名好老师了？”

“它教会了我准备工具的重要性和如何做到准确表达。我认为这两项是成为好老师的必要条件。”

利器一：
“磨刀不误砍柴工”，重视整理和列清单

菲尔书包里的世界，让我震惊，它们就像被命运安排好似地

待在自己的位置。

菲尔说，他受母亲做家务影响，一直喜欢把周围的一切都维持整洁，但让他做到这个程度还要得益于他的工程师职业生涯。

作为一名电子工程师，菲尔每天要经手很多工具，包括显微镜、电路板、芯片、各种电线、螺丝、电烙铁，还有不同尺寸的剪刀、镊子，这些东西如果你不整理清楚并维持良好的习惯，很容易用时方恨少，因为会丢。

所以，刚工作时带他的导师给菲尔传授的第一项工作技能就是“让你的工具有条理”。“有条理”不是你把工具放回原处就好，而是要让它们处在合适的位置方便你提高工作效率。这种工作习惯也延续到了菲尔的生活中，如衣服是要按季节、长短和色系分类，餐具要按日常使用频率、材质和色系摆放。

我问菲尔，好的整理是一项脑力和体力兼具的活，不会累么？他说，受工作影响，他养成了爱整理的习惯，加上也喜欢用整理来解压，所以整理早已成为他人生的一部分，并不是一种额外劳动力。

菲尔的整理其实并不是简单地把东西归位，而是包含了三个内容：整理、收纳和清洁。整理其实就是选择和取舍；收纳是把物品放对位置，让空间变得更舒服；清洁就是除尘、去污。

菲尔向我详细介绍了他的整理思路和方法，拿整理家务为例，我把其归纳成以下几点：

1. 整理的时间和频率

短期：一周一次。在一切都整理好的前提下，短期整理的工作内容主要是对物品进行归位和清洁。

中期：按月整理。如果你每周一次的整理到位，每月整理几乎不会花太多精力。也可以根据实际需要做一些补充和替换，比如，采购了新的文具、衣服，把它们做好归类，及时处理掉旧的和不用的物品。

长期：换季彻底整理。主要是衣物、寝具的替换，按季节添置新的物件，处理过季物品。

终极整理：菲尔有个狠习惯，一件物品（当然不是像黄金、珠宝这类保值物品）超过一年没有被使用的话，他会捐掉或卖掉，绝不留着想象“总有一天会用到”。

2. 整理的流程

很多人喜欢按照房间、空间整理东西，菲尔的习惯是按物品整理。比如，菲尔在卧室、客厅和卫生间都放有书，他会把房间里所有的书放在一起整理，按高低使用频率、不同空间的阅读心情再做详细划分，然后放在三个不同的地方。

将同一类物品全部拿出来放在一起，再一件一件地整理，直到这一类物品整理完毕、归位后，再整理下一样物品（衣服、文具、纸质资料、CD 等）。

3. 整理的原则

绝不囤积日常生活用品（纸巾、牙膏等）；短袖衬衫、袜子、内裤等衣物只买够穿 8 天的量（一周 7 天 + 备用一套）；每次购置一件大宗物品，比如入手一副新耳机，同时一定要处理掉一件物品，比如旧耳机。

这个方式在工作中也得到了很好的应用。作为电器工程师，电线、电阻、电烙铁、镊子、金属丝、显微镜、电路板……这些大小不一、形状不够标准的硬件工具，他有一堆。菲尔的分类方法是按照两个层级：使用频率和物质属性。

电脑里的软件工具和文档的整理另有方法：软件工具按照字母排序整理；文档命名后按照日期储存整理。

菲尔说，其实整理方法没有标准答案的最好、更好，只要做到即时归位和定期整理两个原则就足够好了。

整理不仅仅是对空间和生活的一次“洗涤”，在这个过程中，你会认真思考自己到底需要什么、可以放弃什么；东西必须归位，下次才能用得顺手……这些行为也会让你的思绪更清爽、理性，让你认真对待身边的每一样物品、每一件事。

工程师这份工作不仅让他养成了整理物品的习惯，还培养了他列清单的习惯。

菲尔从小就有列清单的习惯，凡事喜欢提前列计划、事中核对、事后总结。他坦言，哈佛医学院教授、美国畅销书作家阿图·葛文德写的《清单革命》这本书对他影响很大。

正如书中提到的，我们犯的错误通常可以归结为两类：第一类称为“必然的谬误”，也就是说，我们所做的事情完全超出了我们的能力范围。第二类错误是“无能之错”，我们并不是因为没有掌握相关知识而犯错，而是掌握了相关知识，但是没有正确使用它们。

这本书让菲尔意识到，如果流程正确且坚持执行，很多错误是可控的、不存在的，所以他修正、改良了自己列清单的方式。无论是在之前的工作中，还是现在的读博时期，流程性的事情和重要性的事情他都依靠列清单来检查。

“无论是在高通工作的那几年，还是现在就读工程学博士，最让我受益匪浅的是每周通过高强度的工作、学习和实验（时间长达 60 小时甚至是 80 小时）来训练我面对失败的技能。在好的公司、好的高校里，对失败的正确处理方法不是惩罚，而是鼓励从业人员、学生积累更多经验和接受更多培训。而培训和经验最终落实在实践上就是标准作业程序（Standard Operation Procedure，SOP），可以理解为一种清单。”

菲尔向我介绍了他列清单的三个步骤。

步骤一：大而全的罗列

当涉及一个项目或一件任务时，菲尔会竭尽全力去思考、请教有经验的人其中涉及的各种事务、工具，把它们都记录下来。

比如，作为助教，菲尔每周都需要给本科生上一节课。在上课前一周，他会列好所有跟上课有关的事务，包括课件、材料、提问哪些问题、当堂小测试题目、涉及的工具、讲课时需要用的数据、开场的话术（要吸引学生进入）、当中在哪里穿插笑话、如何鼓励学生思考某个问题……

他会把这些东西全部罗列出来，然后按照课前、课中、课后的顺序分类整理，提前准备好。

步骤二：找出关键点、写好多项解决方法

课前、课中、课后三个环节中的每一步都会有一到几个关键点，他会向有经验的教授请教、确认这些关键点，以及应对办法。比如，某一章节的课程里有个难点，从作业反馈来看，每一届学生对这个难点的掌握都不够好，出错率很高，那怎么能在课堂上把这个难点讲透？是不是可以增加临时的课堂测验？或者课堂上举更多范例？

菲尔有个习惯和老刘很像，都喜欢提前想好备选方案。通常，菲尔会强迫自己对关键点至少要想出 2~3 个解决办法备用。

步骤三：提炼成简单、易操作的 SOP

当上过两三次课之后，菲尔对整体情况有了宏观把握，他开始对“大而全”的细节进行提炼，把每个环节精简成更简单、容易操作的步骤，不给自己的大脑增加多余负担。

比如，上课要用的常用工具，留一套在教室，这样就不用提醒自己要带工具；总结出课堂上学生常问的问题、作业里常出现的错误，把它们汇总成文，让所有学生都能复习到位，不用一一回复学生的邮件了。

菲尔说，好的清单一定能让你形成好习惯，事半功倍。

利器二：
准确表达，让自己的生命延长一倍

大部分人都有长命百岁、长生不老的愿望，所以人们在医学、营养学、脑研究等各方面投入了大量时间、财力、物力。菲尔说："但我们忽视了一个最便捷的方法，那就是好好说话、准确表达，不耗费大量时间在沟通上，从而减少沟通成本，间接实现增加寿命的愿望。"

好一个曲线救国，虽然波折但细想还挺有道理。

《大西洋月刊》上曾刊登过一篇名为《被浪费的工作日》（*The Wasted Workday*）的文章，里面提到的一项调研，大型公司（拥有 1000 名或更多员工）的美国员工仅将其时间的 45% 用于主要工作，其余 55% 的时间里，每周工作的 14% 用在电子邮件沟通上，另外 4 成的工作时间用于会议、管理任务和"突发性"工作。过半的"非主要"工作里几乎都涉及沟通（书面、面对面、群体沟通等）。可见，我们一生在沟通这件事上花费不菲。

既然我们的工作和生活中少不了沟通，如果人人都能做到准

确表达，我们的确能节省时间、节约生命。

菲尔曾被学生投票评选为“优秀助教”，在上百名助教的高校里，仅有5个名额，这着实是一份值得骄傲的荣耀。在诸多评语中，很多学生都写到一条：表达非常清晰，能让我们理解透彻。

“人们常说自己‘不善表达’，看上去像是性格内向或沟通能力有什么问题。其实我认为最主要的原因是自己在大脑里就没搞清楚要向对方传达什么内容。”菲尔向我介绍了他准确表达的两种逻辑：纵向逻辑和横向逻辑。

纵向逻辑

纵向逻辑有点像我们中学物理课本上学到的串联概念。A→B→C……一步步按照应有的逻辑顺序说下去。

比如，早上我没吃饭，现在到了中午我很饿，我要去吃中饭了。

当对方对你所说的每一步都明白、认同、没有疑问时，说明你的沟通是准确的。如果在沟通中你说的话引起了对方不解或者让对方觉得不合理，菲尔说他发现通常是以下三个地方出了问题。

1. 把属性不同的东西混为一谈

比如，工作中你和上司谈客户满意度的问题，其中本该涉及客户调研情况、问题总结、采取的措施等。但此时，在“采取的措施”这个环节你谈到人手不够需要增援打拜访电话的人，新来的人应该如何进行电话拜访培训。这就明显跑题了。

解决办法：把要讨论的主题写下来；涉及多人讨论时，找头脑最清楚的那个人，请他担任“检察官”，适当停下来归类、检查，看看讨论有没有跑偏。

2. 没有把所有的前提条件罗列出来，以为对方也知道前提条件

比如，我老公很喜欢有关外星人的话题，我俩聊这个话题到最后总会争吵起来，后来发现原来我俩对“外星人”的定义就不同。我对“外星人”的定义就是传统的一种长着大脑袋、大眼睛和纤细的四肢的东西；而他对“外星人”的理解还包括了存活于其他星球的微生物、高级文明等。因为定义、前提条件不同，讨论产生争执。

在看奈飞（Netflix）的纪录片《走进比尔：解码比尔·盖茨》（*Inside Bill's Brain: Decoding Bill Gates*）时，有一幕让我颇有感触。导演问比尔·盖茨：“你觉得微软是垄断企业么？”比尔·盖茨沉思了几秒说：“如果你对垄断的定义是市场占有率极高、只有短期市场势力，那就是；如果你对垄断的定义是我们有不可挑战的地位、更新更好的科技没机会取代我们，那我们就不是。”

解决办法：在开始讨论前就定义、概念、前提条件达成共识。

3. 把偶然事件视为必然事件

偶然与必然的关系可以从哲学、统计学两者不同学科层面解读，菲尔说，准确表达中的偶然与必然其实不必那么复杂，牢记一点就好：不要用小概率或者笼统的事件举证。

比如，讨论有些人为什么能成为成功人士这个话题时，如果你的核心是围绕他们努力工作、极其聪明这类笼统说法，就很容易遭人排斥。因为“成功人士”“极其聪明”是小概率事件，而“努力”又是一个笼统的概念（“笼统”可以理解为“很多人都很努力”或者“什么才算很努力？”）。

菲尔说，准确表达要做到的是：在你告诉对方有“小概率”存在的同时，必须要用“大数据”（必然、频发事件）说话。

横向逻辑

横向逻辑最主要解决的是沟通中的遗漏和重复问题。这个概念是源自法国心理学家、剑桥大学医学博士、国际畅销书《六顶思考帽》的作者爱德华·德·波诺提出的横向思维。

横向思维要求我们能从各种不同的角度思索问题（有时这种“不同的角度”甚至与问题本身有着“牵强”的联系），然后再确定并找出最佳解决方案。它从问题本身提出问题、重构问题，倾向于探求观察事物的所有不同方法，而不是接受最有希望的方法，并按照去做。

在加利福尼亚淘金热期间，一位年轻的创业者怀着把帐篷卖给矿工的想法来到此地。他认为，成千上万的人聚集在一起找金矿，那里肯定会有一个非常好的帐篷市场。不幸的是，加州天气非常温暖，矿工们都是露天睡觉，没有多少人买他的帐篷。此时他要怎么做才能回本、赚钱呢？

这位创业者把他帐篷上的粗棉布割下来，然后用它做成裤子卖给矿工们，由于矿上和井下的环境，这种裤子大卖。直到今天，这个品牌的裤子还在销售，它就是李维斯，而这位创业者就是李维斯的创始人李维·施特劳斯。

这是一个典型的横向逻辑的例子，跳出现有环境，看看其他领域，从别的方向寻找答案。

菲尔说，他是遵照法国心理学家爱德华·德·波诺教授提出的训练横向思维的方法来锻炼自己的横向逻辑的。

第一，对问题本身产生多种选择方案（类似于发散思维）。学生对这个概念不理解，除了解释、举例之外有没有别的方法？

第二，打破定势，提出富有挑战性的假设。常用的方法是，面对教授花很长时间讲解的难点概念，我能不能用游戏或者观看影片的方式来解决这个问题？

第三，对头脑中冒出的新主意不要急着做是非判断。不要轻易排除任何一种方案，而是先仔细对比优劣性。

第四，反向思考，用与已建立的模式完全相反的方式思考，以产生新的思想。如果老师讲解的概念大家不理解，有没有可能邀请理解透彻的学生做主讲人？

第五，对他人的建议持开放态度，让一个人头脑中的主意刺激另一个人头脑里的东西，形成交叉刺激。收集学生对这个难点概念的解决之道，看看对自己的讲课有没有启迪。

第六，扩大接触面，寻求随机信息刺激，以获得有益的联想和启发。有没有可能从自己过去做工程师、做实验的经历，去寻找关联性解决问题?

这让我想到了日常中一种很适合训练横向逻辑的方法。以色列知名教育家德隆自创的一套横向思维训练方法，用日常生活中的物品来进行有序的联结并给出解释。例如，选择手表和车钥匙两件物品，尝试想出它们之间的 30~40 种联系。比如，二者都是黑色的、都是我们日常需要的、 都是人造的、都与动态有关……

横向逻辑里包含着创新思维，而德隆说创新思维首先是要在不同物体之间找到联结且是有序的。他提倡的这种训练其实就是在拉伸你的大脑肌肉，让你能够“跳出盒子”看问题。

最后，菲尔建议，无论是纵向逻辑还是横向逻辑，在最开始时可以把自己想要表达的内容总结成书面资料，因为书写的过程能帮助自己进行更加准确的口头表达。

小结

利器一：“磨刀不误砍柴工”，重视整理和列清单

1. 整理：从使用频率、物质属性等类别入手；即时归位；定期整理。

2. 列清单：

◎步骤一：大而全的罗列；

◎步骤二：找出关键点、写好多项解决方法；

◎步骤三：提炼成简单、易操作的 SOP。

利器二：准确表达，让自己的生命延长一倍

1. 准确表达的两种方式：

◎纵向逻辑：A → B → C……一步步按照应有的逻辑顺序说下去。

◎横向逻辑：能从各种不同的角度思索问题（有时这种“不同的角度”甚至与问题本身有着“牵强”的联系），然后再确定并找出最佳解决方案。

2. 如何训练纵向逻辑？

◎防止把性质不同的东西混为一谈。

解决办法：把要讨论的主题写下来；涉及多人讨论时，找头脑最清楚的那个人，请他担任“检察官”，适当停下来归类、检查，看看讨论有没有跑偏。

◎确保对方知道你所知道的前提条件。

解决办法：在开始讨论前就定义、概念、前提条件达成共识。

◎不要把偶然事件视为必然事件。

避免用小概率或者笼统的事件举证。在你告诉对方有“小概率”

存在的同时，必须要用“大数据”（必然、频发事件）说话。

3. 如何训练横向逻辑？

◎对问题本身产生多种选择方案（类似于发散思维）;

◎打破定势，提出富有挑战性的假设；

◎对头脑中冒出的新主意不要急着做是非判断；

◎反向思考，用与已建立的模式完全相反的方式思考，以产生新的思想；

◎对他人的建议持开放态度，让一个人头脑中的主意刺激另一个人头脑里的东西，形成交叉刺激；

◎扩大接触面，寻求随机信息刺激，以获得有益的联想和启发。

4. 无论是纵向逻辑还是横向逻辑，开始时最好能把自己想要表达的内容总结成书面资料，因为书写的过程能帮助自己进行更加准确的口头表达。

思考与练习

1. 选择一个你需要整理的对象，可以是某个房间、某个角落或者衣柜、抽屉，按照书中列出的整理方法尝试践行。

2. 选择一个自己感兴趣的话题、你正在着手进行的报告或者写的文章，用横向、纵向逻辑的步骤去检验它们的逻辑性、准确性。

第五章

平衡你的人生关键点

——科恩：学霸 +“玩咖”

有一天，老刘告诉我，前段时间他办公室来了个新博士生，是他导师和另外一个导师联合培养的学生，长相神似憨豆先生，名叫科恩。

我很好奇，20岁出头的憨豆先生到底什么模样？也是高高瘦瘦的么？后来才知道，确实神似不搞怪时正常版本的憨豆先生。一米九的身高，没有憨豆先生那么瘦，身型大概比憨豆先生大半圈，白皙的皮肤，略卷曲的褐色头发，比年轻时的憨豆先生要帅一些。但是这位身型高大挺拔、面庞干净的正常版青年憨豆先生，有点脆弱。当然，他的脆弱也是我们逐渐熟识后我才了解的。

作为有着一半伦敦血统的美国人，科恩对咖啡因和鸡蛋过敏。真不知道他在美国这样一个嗜咖啡因如命，以及鸡蛋在食品中无所不入的大国里是怎么存活下来的。当别人疲乏用咖啡提神时，可怜的科恩只能不停用冷水洗脸。更惨的是，因为他对鸡蛋过敏，基本就不能去餐厅吃饭了，那里的面包、面条、菜品、酱料里都有很多鸡蛋成分，他统统不能吃，只能在家做不含蛋的食品喂饱自己。我和科恩开玩笑说：“你这也不能喝，那也不能吃，生活真是无色无味。”

不过，和他们家遗传的偏头痛相比，不能食用咖啡因和蛋类食品都是小巫见大巫。科恩的奶奶、爸爸都有偏头痛的历史，科恩也不幸中招。平时都得用药控制，最严重时，曾在高中休学一年。

想象一下这样一幅场景：你和这位小伙子出去玩或者约会。你说：“我有点累了，咱们喝杯咖啡休息一下吧？”他说：“对不起，我对咖啡因过敏。”你说：“那咱们去汉堡店吃点东西吧？”他说：“对不起，我对鸡蛋过敏。”你说：“那好吧，咱们就在路边的台阶上坐一会儿休息一下总可以吧？”他说：“这没问题。”然后过了几分钟，他拿出药片吃下去，说：“对不起我有偏头痛。”

和这样的人做朋友、做伴侣是不是挺扫兴的？但如果我告诉你，这么一位脆弱的憨豆先生，他和你聊天每隔几分钟就可以让你哈哈大笑，他弹得一手好钢琴，从小就玩击剑、玩电竞游戏拿到了大奖，在24岁时和喜欢的女生认识3个月就英年早婚，能策划出有趣有料的好聚会……和这样的人交朋友，你的生活精彩极了。

不仅如此，科恩可不是一个只会玩乐的玩咖。他本科读的是所在高校的荣誉学院（只有当届录取的成绩最好的学生才能进入），以优秀毕业生身份毕业后直接进了博士项目，主攻深度学习方向；同时，还入选了美国海军的保密项目，在项目组里做研发。同一门课，别人做一个项目要花一天时间，还只拿到了B、C这样的成绩；科恩在截止日期前花3小时做一做，这门课的3位授课老师无异议统一给了 A。他属于妥妥的学霸、高智商群体。

可甜——会玩、可盐——会学，这就是科恩，美国版的憨豆先生。

利器一：人生可以有趣和认真兼得

我告诉科恩，我非常羡慕他这样的人，娱乐和学习都没耽误，而且都是高质量。不像多数人只能兼得一方，或者更多人连其中一项都做不好。科恩说，这大概和他小时候身体上受了不少苦有关。在头不痛的时候珍惜在校时间，好好学习；在头痛请假在家时，就想办法找乐子去打发难捱的时光。

“我一直觉得学习可以是一件有趣的事，而玩也可以是一件认真的事。比如，在十来岁时，我想吃炸薯条，但又想把炸薯条这件事做得有趣点，所以就从家里翻出了蓄电池、灯座、加热盘等一些旧设备，捣鼓出一个简易的薯条加热器。虽然味道不怎么样，但整个过程很有趣。”十几年过去了，科恩至今说起这段经历时脸上都带着童真般的笑容。

科恩说的这段经历让我想到了物理学界的大牛理查德·费曼先生。我看过关于他的很多传记，里面说到他在麻省理工上大学期间曾恶作剧拆下宿舍的门藏起来，并聪明地躲过追查；在曼哈顿计划期间，他迷上了撬锁，从门锁撬到保险柜，在撬锁成功取得机密资料后，还不忘留下纸条告诫政府要小心安全；他对语文没什么兴趣，但是研究过玛雅文字，向日本同行学习过日语。在生命的最后几年，还自学了冷门的图瓦语。

费曼喜欢捉弄人、充满幽默感，他不仅在物理学界取得了巨大成就，就连玩都玩出了高度。他喜欢绘画、喜欢打鼓，他的画作曾被人高价买走，而他打鼓时的专注让人差点误以为这是纯正的印第安人。他实在是太特立独行了。巧合的是，费曼恰好也是科恩的偶像。

“费曼是我的偶像，你把我和他扯上关系，我实在与有荣焉。但我确实在用有趣和认真这两个标准来衡量一件事是否值得去做。比如我上个暑假的实习，就是为一家小公司建模去检验罐头食品里的含铅量是否超标。我没想到世界上还有公司专门从事这样的事，而自己的知识刚好又用得上，所以就去了。”

科恩说的这份实习我是知道的。他完全有条件去平台更好的大公司实习，甚至在博一时，他就收到过来自谷歌和亚马逊的工作邀请。科恩还是美国一个很有名的编程论坛的版主，他没事就在上面发一些自己的代码，解答一些大家的求助问题。美国一些领先的科技公司的招聘官、猎头公司都会在这类专业论坛上招揽人才，科恩入了他们的“法眼”，只是他自己觉得在大公司做螺丝钉实在无趣，所以从来没理睬过对方的邀约。

我见过很多会学习的人，但像科恩这样既会学又会玩的人真不多。我相信他说的是在用有趣和认真去衡量、筛选自己是否要做某件事。因为就连办学生聚会这么一件只用随性和酒精打底就能搞定的事，他都能认真地玩出新高度。

2018 年的感恩节我参加了科恩和他的妻子在家里办的一场聚会，主题是外星人。这么不适合聚会氛围的主题我还是第一次见。我还特意从网上买了一件带有外星人图案的帽衫穿去现场，以示尊重。可我万万没想到，一场外星人为主题的聚会居然变成了外星人研讨会（当然，这个研讨会是可以席地而坐、喝酒的）。

他们夫妻俩买了很多带灯泡一闪一闪的外星人气球摆在房间周围，墙上还有外星人海报，拉了外星人的旗子，放着著名外星人电影的主题曲，就连纸巾都是外星人图案的。这还只是外表，内涵更夸张。既然主题是外星人，在场的所有人都要讲一讲自己对外星人的看法，比如：你相不相信他们的存在？为什么？你想象中的外星人什么样子？如果有一天世界政府宣布真的有外星人存在，你是什么态度？等等。

别急，还没完。聚会总要喝酒的，但这里不是你想喝就喝。大家一起围观一部叫《远古外星人》的经典纪录片，听到里面某位嘉宾发言时，才可以举起酒杯来碰一杯。

这绝对是我参加过的最充实的、知识量最大的聚会了。也是在那次聚会上，科恩第一次向我们展示了他专业级别的钢琴演奏，我知道了他曲折又戏剧化的学琴之路。

利器二：

利用好自己的叛逆心理，把不满变成动力

科恩的学琴之路可以追溯到 3 岁。他的奶奶是一名严格的中学音乐老师，会很多种乐器，家里有台二手钢琴。她白天在学校教课，下班就逼着自己的孙子练琴。一开始，小小的科恩还觉得有点意思，但没几天就坐不住了。严厉的奶奶当然不会轻易放过，逼着他学了一年。直到科恩的妈妈实在看不下去了，沟通了一番，终于让奶奶放过了 4 岁的科恩。

科恩的妈妈不是溺爱，她是一名教育工作者，主攻人类发展学。和科恩的奶奶这一代父母不同，科恩的妈妈系统学习过科学育儿、儿童心理这些课程，非常不主张这种强迫孩子的做法。她希望孩子能在家长的引导下自主探索自己喜欢的事物，而且很明显，在和奶奶学琴的这一年，科恩很痛苦。

“我妈告诉我，以后都不用再学钢琴了，可以一辈子都不打开它的盖子时，我开心极了。她说可以带我去接触一些不同的乐器，然后挑一项自己喜欢的坚持下来。可奇怪的是，没过几天我就开始想念那些钢琴键弹出的声音了。有一天，我趁周围没人，打开盖子开始抚摸钢琴键盘，我奶奶看到了。她过来合起盖子说：‘你已经决定放弃了，就永远别打开它了，请离我的钢琴远一点。’科恩学着他奶奶严厉的口吻，然后接着说，“可是，她越是不让我碰，我就越想弹钢琴。后来我们吵起来，我对她大喊：‘我一定会弹好钢琴的！’从那时起直到现在，我没有一天是不弹钢琴的。”

科恩曾经可以成为一名专业钢琴演奏者的，但他还是更喜欢捣鼓计算机，所以最后选择走科研这条路。不过，他也没有放弃钢琴，就算现在钢琴只是他生活中的点缀品，他也依然会每天抽出一小时弹琴、练琴，防止自己技艺生疏。

我问科恩：“关于你学会弹钢琴这件事，我是不是可以将其归功于你的叛逆心？一般人到青春期才会这么反叛，你有点‘早熟’啊，4 岁就开始叛逆了，越不让你做什么你越要做。”

“你说得很对，我就是利用了自己的叛逆心理，或者说是我奶奶和妈妈利用了我的逆反心理。现在回头看，感觉她俩策划了一场‘阴谋’。”

“在社会心理学中，人们把一个人对外界的情感与行为做出负向心理反应并影响其后续行为的现象，称之为逆反效应。但通常这不是一个褒义词，你觉得呢？”我问他。

“我觉得，人还是可以从叛逆中受益的。比如，因为有了叛逆心理，才会有人敢于挑战权威，推动社会和某项学科的发展。从浪漫一些的角度来看，叛逆心理还有可能让我们收获爱情。就像我的偶像费曼和他的第一任妻子艾琳·格林鲍姆的爱情。

“费曼在 13 岁时认识了艾琳，学生时代的费曼比较腼腆，担心自己拼不过其他竞争者，所以一直不敢告白。直到艾琳在高中毕业之际，公开承认自己喜欢费曼时，俩人才在一起。但费曼的父亲担心恋爱会使儿子学习分心，因此在暑假限制儿子与艾琳接触的次数。可这并没有拆散他们。甚至后来，艾琳患上了肺结核，费曼不顾父母和朋友们的强烈反对，坚持与艾琳结婚。费曼自己针对这件事还说过：“人有时也要不理性，这并不代表愚蠢，而是说在一些场合或情况中，你要思考，但有时你不应该思考。我娶艾琳不是出于责任感，而是因为我爱她。”

“俩人结婚3年后，艾琳还是撒手人寰。费曼当时埋首于原子弹的研究，为了不影响自己的工作，极力克制悲痛，直到一个多月后，待他经过一家商店的橱窗，看到一件漂亮的洋装，想到妻子一定会喜欢时，才悲伤地哭了出来。在费曼的抽屉里有一封未寄出的信，直至他去世之后，信件才被费曼的女儿发现并公之于世。那是他在艾琳过世两年后写的，在信的末尾，他补充道：‘原谅我没有寄出这封信。因为我不知道你的新地址啊。’有一部电影叫《情深我心》，讲的就是费曼与艾琳这段因叛逆之心而收获的爱情故事。”

我没想到科恩对叛逆心的解读会如此正面、如此浪漫。但仔细想想，逆反/叛逆会产生不满，而不满确实也可以成为自我进步的助燃器。从这个角度来考虑，逆反/叛逆心其实并非不堪。那么，如何让叛逆、不满成为动力，借助它们让自己变得更好呢？被誉为“欧洲巴菲特”德国顶级的理财大师、演说家以及畅销书作家博多·舍费尔曾提出过两个建议。

第一：学会区分感恩和满足

我们很多人都听过这样一句话："你应该对自己所拥有的感到满意。"博多·舍费尔认为，说这句话的人没能把感激和满足区分开，而二者背后隐藏着两种完全不同的价值观。

感恩是一项重要的原则。感恩之情能照亮我们的恐惧，让我们收获幸福感。但满足则是危险的，它其实是在称赞懒惰和麻木。因为一切活着的事物都在成长，如果自满，我们会无视世界和生活的变化，就不会寻找机会去改变自己，陷入停止进步的沼泽，同时你还会因为自己拥有满足感而自认为高尚。

所以，人要永远充满感恩的心，但永远不要轻易为自己取得的成果而感到满足。

第二：在其他不满足的人那里寻求帮助

希望自己不要停止成长，就多和那些不容易满足、有野心的人待在一起，寻找与他们合作、共事的机会，让自己在不满足的环境里茁壮成长。

我和科恩说了博多·舍费尔关于如何保持不满足的两个建议，科恩表示赞同。但我突然想到，他这么一个"不容易满足"的人当初为什么会放弃加利福尼亚大学伯克利分校这所世界一流学府的录取，而是来到现在这所大学，虽然现在就读的大学也是一所公认的好大学，但和伯克利相比还是有些差距的。

这在名校情节非常严重的人看来简直不可理喻。

利器三：

和自己较量，做好小池塘里的大青蛙

中国有句俗话：宁当鸡头，不当凤尾。美国也有句俗话：在小池塘里做大青蛙，要好过在大池塘里做小青蛙。可奇怪的是，在我从小长大的环境里，人人都是宁做凤尾，不做鸡头：

宁愿在重点班里做垫底的学生，也不要在普通班里做前三名；

宁愿在名校里做差生，也不要在普通大学里做好学生；

宁愿在大公司里当螺丝钉，也不要在小公司里做骨干；

……

就拿升学这件事来说，多少家长玩命似地要把孩子送进重点学校，大学选志愿宁可选冷门专业也一定要去一所好学校；毕业找工作更是如此，在国企、事业单位、银行里上班是父母心中理想的工作，哪怕你去银行当个柜员、坐在国企的办公室里管盖章，他们也觉得是绝好的工作。

想当凤尾、做大池塘里的小青蛙有问题么？当然没有！就拿名校这件事来说，一些研究表明，全球排名前 10 的大学里产生的终身教授的人数约为排名前 20 大学的 3 倍，这在很大程度上是因为拥有一个精英学者的社会网络能够吸引更多精英汇聚于此。对于少数族裔和低收入家庭学生来说，“大池塘”可能是一个更有利的选择，因为他们可以获得更多资源、建立更广的联系。

这些都是大池塘的优势。但科恩不喜欢大池塘，他更喜欢在小池塘里自由自在地遨游。

科恩申请博士时，曾拿到了伯克利大学的录取，并且给的是全额奖学金。但他后来选择了第二志愿，也就是现在就读的学校，也是全额奖学金。聊起这件事，我真的是非常不解。

“伯克利到底哪里不好？让你放弃了它？”我开玩笑问科恩。

“伯克利非常好，对有志于从事科研工作的人来说，那里是天堂。放弃它我也很不舍，但这确实是我经过再三认真考虑、和父母商量后的决定。”

“为什么？”

“因为在大池塘里做一条小鱼不仅会很累，还有可能会断送我喜欢的科研之路。”

前半句我相信,和全世界最聪明的人在一起竞争,不累是假的。但后半句，怎么可能？按理来说，越好的学校有越好的科研资源，名师、先进的设备、充足的项目资金，难道不是么？我把自己的困惑告诉了科恩，科恩和我讲了他姐姐的故事。

科恩的姐姐海莉年长他 3 岁，和科恩一样非常聪明。高考那年她收到了常春藤大学之一的哥伦比亚大学的录取通知，在完成了第一年的通识课程后，她选择攻读医学预科项目，这个项目是为将来成为医生做准备的，数学、物理、生物、化学和有机化学都是必修课，课程难度非常大。

海莉从小到大在当地一直是“别人家的孩子”，各个方面都很优秀，但到了哥大，她发现自己泯然众人，因为哥大的天才实在太多。更让人绝望的是，无论她怎么努力，她最好的成绩只是B，有机化学这门课甚至差点不及格。看到有人轻松搞定这些课，或者更多人努力学学就能拿到不错的成绩，而她每天学到凌晨还差点不及格，海莉的自信和自尊彻底被摧毁了。她得了中度抑郁，看了一年的心理医生才稳定住病情，但海莉再也没有勇气面对那些课程，最终她放弃了医学预科项目，转去读了自己并不感兴趣的商科。

“你知道吗？”科恩说，“我看过一项调研统计，在美国，有超过一半的学生刚开始学的是科学、技术和数学这类科学项目，但很多学生在第一年或者第二年就放弃了。在当代社会，获得一个科学学位对年轻人来说是最有价值的一种优势，然而很多原本想要从事理工科领域的学生最终都转去读了文科、商科。与理工科项目相比，这类专业的课程压力没那么大。”

“在我选择博士要去哪所学校读时，我和海莉深聊过一次。虽然她毕业后工作不错，但一直对没能完成医学预科的项目深觉遗憾。她说，如果当初去了那所在世界排名30左右、不是常春藤高校的第二志愿，也许和自己的实力更匹配、能得到更多的支持和自信，也许自己现在还在当医生的道路上前进吧。”

我告诉科恩，选择做小池塘里的大青蛙是一件很不容易的事，在中国，很多家长、包括学生自己都不会允许这样的选择，它是没上进心、没自信心的体现。一所好学校、一份好工作的光环实在太大了，大到让人们在选择时会轻易忘记自己有可能无法承受之后的压力。

“我觉得很多人宁愿做大池塘里的小青蛙是出于面子考虑，因为圈子外的人们会鄙视‘做小池塘里的大青蛙’这种选择。但认真考虑后做出这种选择的人其实很有勇气，他们知道自己适合什么，知道自己能够在那里得到什么，也知道什么是帮助自己实现最终目标的手段，而不是为了面子。”科恩说。

社会学里有个概念叫相对剥夺感，最早由美国学者S. A. 斯托弗提出，其后经R. K. 默顿发展成了一种关于群体行为的理论。它是指当人们将自己的处境与某种标准或某种参照物相比较而发现自己处于劣势时所产生的受剥夺感，这种感觉会产生消极情绪，可以表现为愤怒、怨恨或不满。简单而言，相对剥夺是一种感觉，这感觉我们有权享有但并不拥有。

举个简单的例子：你认为什么样的国家自杀率高？是那些居民宣称自己过得很幸福的国家？如瑞士、丹麦、冰岛、荷兰、加拿大等；还是那些居民宣称自己过得一点都不幸福的国家？如希腊、意大利、葡萄牙和西班牙等。

根据调研显示，答案是那些居民宣称幸福的国家。在一个大部分人都不开心的国家里感到绝望，你只要拿自己和周围的人比，你就会发现原来情况并没有那么糟糕。但是，假如你在一个每个人都过得很幸福的国家里感到绝望，更有可能走上不归路。

就像拿理工科学位这件事，决定你是否可以拿到学位的关键并不是你有多聪明，而是在你的班级中，你觉得自己和其他同学相比，你有多聪明。

听上去，相对剥夺感有点像“比烂”的意思，不要往上比，而是向下比。比上不足、比下有余会让人觉得生活更容易些。有点这个意思。但它的本意不是让人不求上进、安于现状，而是在面临某些重大选择时，你不必非得往上够，还有另一种选择是，把自己放在某个合理的范围中，拿自己跟“坐在同一条船上的人”比较。在这样一个相对优渥的环境里，你对自己能力的认知更能塑造和巩固你处理挑战、完成一项艰巨任务的意志，而这种意志是动机和信心的关键因素。

从这个角度考虑，我非常能理解科恩做出放弃伯克利的选择。

科恩说：“人人都想去大池塘里做小青蛙，我们总是谈到大池塘里的机会和优势，但很少谈到大池塘的负面影响。人应该对自己的优势有一套‘自主’定义，而不是一直用别人的或大众的标准去衡量自己。说到底，我们最终都是在和自己较量。”

利器四：

训练自己的修补能力和修补思维

我认识的很多工科男生动手能力都很强，不是扛着梯子换灯泡、拿千斤顶卸轮胎这种低级别的，而是耳机断了自己买耳机头和小焊接头来修、把手机无线充电板改装成电动牙刷充电器这种级别的。科恩更厉害，他是能把坏机床修好、房子坏了都自己上手这种终极级别的动手能力。

英年早婚的科恩和妻子菲亚在距离就读高校20分钟车程的郊区买了一套三室两厅的老房子。当初翻修的时候科恩就雇了一个工人，然后利用暑假一个月的时间和工人一起把整套房子从外到里全部翻修了一遍。平时家里无论是下水管道、空调还是衣柜，出了问题都是他自己抡起膀子动手干，自己动手修修补补。

科恩说，他喜欢动手修补的过程，那种让某物复活的感觉让人非常满足。他觉得一个人拥有动手修补的能力非常重要，不仅是省钱，更会影响你思考问题的方式。

我告诉科恩，如果以后他能去MIT（麻省理工学院）的媒体实验室工作一定会和米切尔·雷斯尼克教授一见如故。MIT的米切尔·雷斯尼克教授被称为“少儿编程之父”，风靡全球150多个国家的编程学习软件Scratch就是他带领的团队“终身幼儿园”（Lifelong Kindergarten）开发的项目。他曾多次提及修补能力的重要性。

我们会想办法提升很多能力，如沟通、共情、领导力、做计划的能力……但鲜有人在意培养自己的修补能力，因为我们从内心并不觉得这是一种多高级的能力。但在米切尔看来修补能力是一种被严重低估的技能。他认为，成为一名“修补匠”很重要。因为，首先，跳过“修补”环节，认为事情没有按照预期发展就是失败是一种非常极端的思维；其次，一个不懂得修补的人是很难有创造力的，创造力和修补力可以相互补充，正如米切尔说的：“创造性思维来源于创造性的修补。”

事实上，许多伟大的科学家，比如达·芬奇、亚历山大·贝尔、理查德·费曼，都把自己看成修补者。当你想出一个点子只是开始，要检验、实现它背后需要做大量的尝试和修补工作。

一个懂得修补的人，就是在事情没有按照预期发展时懂得如何即兴发挥、适应和迭代，他们不会受限于旧的计划，而是让自己调查问题、允许自己摆弄、尝试，结果很有可能是“捣鼓”出一个新东西来，这也是创造的过程。

想要提升修补能力需要握住三个核心。

第一，利用意外。当事情没有按照预期发展时，用“探索意外”的心态而非消极的心态开始修补工作。

第二，借鉴个人经验。调动自己目前已有的知识库去分析、试验。

第三，用全新的方式使用熟悉的材料。可以用全新的眼光去看待身边熟悉的材料、事物来进行修补。比如，轮子未必只能做轮子，也可以成为脚；空饮料瓶可以成为直升机。

毫无疑问，一名修补匠有很强的动手能力，但优秀的修补匠终究靠的是修补思维，这是一种独特的自下而上的思考方法。

我们喜欢定目标、做计划，做计划的过程其实是一种自上而下的思维方法：分析情况、确定需求、制定清晰的计划，然后执行。而修补采取的是自下而上的方法：从小事做起，尝试简单的想法，对所发生的事情做出反应和调整并完善计划。

自下而上的思维方式最大的好处是，当我们遇到难题或者没处理过的新问题时，这种思维方式能够让人快速进入解决问题模式。因为它是从零星、散碎的信息开始做起，逐渐整合，更容易上手。

举个简单的例子：虽然我们每天忙忙碌碌，觉得时间不够用，却依旧无法感觉人生充实时，怎么办？我们不妨从简单的时间分配来入手检查。

第一步：可以列出每天都做的事情，比如：洗漱、吃早饭、睡午觉、看书、打游戏等这些琐事，并对这些事情进行大概时间计算。

第二步：把相同属性的事情归类到一起，比如吃早饭和午饭可以归类为“用餐”，打游戏、看动画片可以归类为“娱乐”。

第三步：进行检查、验证。算一算在用餐、娱乐、休息、学习等方面分别耗时多少？

最后一步：得出结论，进行作息调整。

整个流程易操作、有效果，但这还不是修补能力的最高境界。米切尔教授说过，修补自下而上的过程始于一些看似随机的探索，但并不会就此结束。真正的修补者知道如何将他们最初的探索从底层向上升华，变成一个有目的的活动。这个“升华”就是不仅能修物，更能“修人”——通过修补，让自己拥有无比强大的自我修复能力。

凡事都能一次性做对当然很好，但就如诺贝尔文学奖获得者、美国著名剧作家尤金·奥尼尔所说：“我们生而破碎，活着是为了来修修补补。”拥有强大修补力的人不会把错误看作是失败的终结，而是把错误当成提升自己的机会。

当我们拥有修补能力时，会重新看待坚持和被困之间的联系：解决困难的决心和坚持当然是必要的，但只有这些还不够，还需要把着眼点放在策略上，思考用什么策略来让自己摆脱困境。而修补一旦内化成习惯，就会培养出一种终身受益的能力——复原力。简单来说就是一个人在面对困难和逆境时所展现出的韧性。

曾任《哈佛商业评论》高级编辑的黛安·库图在文章中曾描述拥有强大复原力的人具备的三个特征：

◎冷静接受眼前的事实；

◎艰难时刻依然能找到生活的意义；

◎有惊人的临时应变能力，擅长利用手中一切资源。

这两年，我们总能听到社会上有很多不堪重负走上极端道路甚至自杀的新闻。成长的过程从来都不轻松，升学压力、社交伤害、校园暴力、失去亲人等，都会让我们的精神遭受重创。正因如此，复原力才应该成为每个人的盾牌，即便经历了毁灭性的打击与不幸后，仍能让自己重获快乐，找到更多的人生意义。正如脸书首席运营官雪莉·桑德伯格在《另一种选择》这本书里告诉读者的，她就是靠着复原力从失去丈夫的深切悲痛中走出来，并让生活和工作重回正轨。

小结

利器一：人生可以有趣和认真兼得

利器二：利用好自己的叛逆心理，把不满变成动力

1. 学会区分感恩和不满。

2. 在其他不满足的人那里寻求帮助。

利器三：和自己较量，做好小池塘里的大青蛙

拿自己跟“坐在同一条船上的人”比较，在这样一个相对优渥的环境里，塑造和巩固自己处理挑战、完成一项艰巨任务的意志。

利器四：训练自己的修补能力和修补思维

1. 想要提升修补能力需要握住三个核心：

◎利用意外，当事情没有按照预期发展时，用“探索意外”的心态而非消极的心态开始修补工作。

◎借鉴个人经验，调动自己目前已有的知识库去分析、试验。

◎用全新的方式使用熟悉的材料，可以用全新的眼光去看待身边熟悉的材料、事物来进行修补。

2. 采取自下而上的思维方法：从小事做起，尝试简单的想法，对所发生的事情做出反应和调整并完善计划。

3. 从修物到“修人”，拥有强大的复原力：冷静接受眼前的事实，在艰难时刻依然能找到生活的意义，有惊人的临时应变能力，擅长利用手中一切资源。

思考与练习

1. 哪些事是真正值得你感恩的？哪些事是你不必为了感恩而强行去说服自己感到满足的？

2. 列出你身边拥有上进心和野心的人的名字，并与他们多多相处。

3. 你有面临选择做“鸡头”还是“凤尾”的时刻么？当时的选择是什么？现在再看，会做出不同选择么？如果你现在就面临此类选择，请列出“鸡头”和“凤尾”各自的优劣势。

4. 现在就开始吧，选择修好身边的一件物品。

第六章

你的人生不止一面

——布伦特：把“斜杠”做到高度专业化

布伦特是老刘和法尔扎内的博导，认识布伦特的人对他的评价是“一个奇怪的人”，熟悉布伦特的人对他的评价是一个很好的人。

我能够理解对布伦特不熟的人为什么会认为他是个怪咖。有一次，我去布伦特家参加聚会，他们全家作为美籍犹太人，非常重视家庭、传统和礼数，所以在每年七八月期间或者感恩节都会邀请自己的学生、关系不错的同事、朋友来家里聚会。全家会为客人准备烤羊、自制的比萨和千层面，非常周到。

在聚会上，我们随便寒暄起来，我问起他家俩儿子。他说：“老大申请完大学后间隔一年，去欧洲旅行了，最近在欧洲某个山上当滑雪教练；老二去朋友家玩了。”我说：“那你一定很想老大吧，他什么时候回来？”布伦特嘴巴一撇、眉毛一挑，说：“我挺想他的，但谁知道他什么时候回来呢？也许永远不回来了吧。”

我差点儿就把嘴里的水喷出来。这是想念还是“诅咒”？确定是亲爹？

这是标准的布伦特式冷笑话：他想逗你玩，结果只会让对方尴尬，对方不知道如何往下接。但这个怪异的男人却深受自己博士生的爱戴，法尔扎内不止一次在我面前表达对他的“爱慕之情”，说得非常直接：“我爱布伦特。”老刘这位东北人，虽然不至于那么露骨，但也是三句话不离布伦特，谈起来脸上洋溢着幸福。这种表情在艰苦的博士生涯中实属罕见。

在布伦特身上，实在有太多矛盾点：为什么别人觉得怪，熟悉他的人却爱他爱得不得了？为什么学生总是忍不住吐槽他讲课“烂”，但又打心眼里承认他是个好老师？为什么他名不见经传，但在自己从事的学术圈里，多位大牛都看好他、信任他带出来的学生？他的爱徒法尔扎内，博士尚未毕业，就收到诸多企业和高校的工作录用通知就是证明之一；为什么作为著名高校教授、系里二把手的他，本可以过着朝九晚五的悠闲生活，却还要坚持一周工作六6天、每天工作12小时以上？为什么他每年要在暑假抽出两周时间，“躲”进没电、没网的深山老林里，过一段原始人生活？

带着这些好奇，我去探访了布伦特，问他：“你知道的，通常博士生和自己的导师关系比较微妙。在中国学生看来，自己的导师手握‘生杀大权’，未来能不能毕业、能不能拿到一份好的推荐信，全掌握在导师手里，所以大家对导师几乎是言听计从不会反抗。这使得博士吐槽自己导师的情况很普遍，就像下属吐槽老板一样。为什么你的博士生对你几乎是零差评？”

布伦特说：“其实他们也经常吐槽我的。有几次我路过实验室，看到他们几个围在一起，吐槽的话不小心就飘进了我耳朵里。我绝对不是故意偷听，但我知道，他们在吐槽我。不过我真的不介意，因为我能感觉到他们也是真心喜欢我。他们愿意在我面前开玩笑、愿意和我搭同一个电梯下楼、愿意和我一起吃冰淇淋、来我家参加聚会时很放松，这些细节告诉我，我和我的学生之间没有隔阂。”

“对。我听过一些学生和导师关系很糟糕的故事，他们一听到老师的脚步声就放弃了正在等待的电梯，改走楼梯，就是不愿意和老师碰面。为什么你能和你的学生维持那么好的关系？”

“其实我并没有刻意维持，可能我只是习惯做事前先让自己尽量退一步考虑问题。比如，问问自己：我的学生现在实际上处于一种什么样的学习环境？我为他提供了适当的环境和机会吗？作为一群来异国他乡求学的年轻人，他们现在在乎什么？……站在学生的立场多想想，不能因为我的平台更高、掌握的信息更多，就去要求、责备别人没有做到我能做到的事。我想也许是这种想法让我的学生觉得我是一个相对公平的人，他们能感受到尊重。”

布伦特说的这点我是相信的，因为他的几位博士生对他的态度的确更像对一位年长的朋友而非老师、老板。

除了对他和学生的良好关系好奇外，我对布伦特自己的背景也充满好奇。据我所知，他从著名的常春藤名校之一宾夕法尼亚大学博士毕业后，曾是一名实验物理学家，先后在儿童医院做过研究员、当过数学老师，现在又成为研究睡眠和癫痫的神经工程学教授。感觉数理化的江湖里他什么都做过、什么都能做，说他是一位斜杠中年绝不过分。

我把“斜杠中年”的想法告诉了布伦特，他欣然接受，但做了修改：“斜杠很重要，但不是玩票的斜杠，而是要成为专业斜杠人。”

利器一：
成为专业斜杠人

我对布伦特的评价是：不当物理学家的数学老师不是好神经工程学教授。这两年大火的“斜杠青年”，布伦特在很多年前就践行了。

看事情积极的人认为斜杠青年是在拓宽人生的边界和能力，顺带还能赚点外快，何乐不为？不看好的人认为多数斜杠们只是玩票心态，真正能把事情做好、做专的人少之又少，网铺得太大反而没有专长，这只是在一个概念被炒火下的又一次集体跟风与骚动。布伦特提出了不一样的见解：斜杠要做，但只做专业斜杠人。

“和很多走学术道路的人不同，他们按部就班读书、做博士后，然后找教职、拉经费，在一个方向做下去，‘熬’终身教职，你的职业轨迹似乎更‘跳跃’。所以你是‘曲线救国’走到今天这一步？还是误打误撞？”我问布伦特。

“你说的两种应该都不算。我本身就是喜欢尝试的人，我希望能够在尝试中更确定自己想要做的事情。”

“现在在中国年轻人的世界里特别流行‘斜杆青年’这个提法，感觉和你的想法有点像。”

“如果你说的‘斜杠青年’不是玩票性质，而是准备花点功夫钻研得深一些，那我觉得斜杠青年这个提法不错。我应该是斜杠中年。”

我对布伦特提到的“花点功夫钻研得深一些”很好奇，想知道到底要花多少时间、钻多深，于是追着他继续问：“你的每一次职业变轨花了多久呢？”

“最少也要5年以上了。比如，我博士读的是物理专业，和我的本科专业不同。我在本科期间就有打算未来做科研的计划，我认为物理学的基础知识非常重要，因为在物理学中，你必须实事求是，不能妥协让步，不能与人讨价还价，不能试图取悦他人。如果你的公式出现错误，那接下来的推导就一定无法进行下去。

“物理学不仅仅是让人掌握一些知识，对打算从事科研工作的人来说它更能锻炼你的科学态度和思维。我认为这种科学背景很重要，所以就花了几年时间让自己在这方面受训。但我知道自不想探寻宇宙的真相之类的，而是想做一些‘实在’的研究，想研究人，想知道人为什么会思考、大脑怎么工作的这些问题，所以我转向‘攻人’。

“恰好那时候家里亲戚刚出生的孩子患了癫痫，我帮着寻医的过程中才发现人类对这种病的研究还停留在很基础的层面，但它又是一种反复发作的神经系统综合征，对孩子和整个家庭又是巨大的伤害，所以就跑去华盛顿的一家儿科医院工作了6年，研究发病数据和治疗的仪器等。”

布伦特下面说的这段话让我对他提出的“专业斜杠人”有了更深的理解，他说：

“如果你想取得非凡的成就，只有两条路可走：第一，在一个领域苦心钻研，成为最优秀的人。比如像乔丹、迈克尔·杰克逊那样，成为自己领域的前三名，但这条路实在太难走了，就算你一条道走到黑，也未必能走出什么名堂。所以第二条路是更容易一些的选择。那就是在两个甚至更多的领域成为比较优秀的人，最起码做到前30%，二者进行叠加，你更容易出彩。你想象一下，一个优秀的画家，比普通人幽默，又有一些商业头脑，无论从包装自己还是包装商品的角度看，他都比只会画画或者只会说段子的人更容易出彩。”

其实，布伦特所说的成为专业斜杠人是需要综合技能的。比如，作为职场人，你推销能力好的同时演讲能力还不错，那么你更容易成为管理层候选者。就像都是从硅谷“起家”的印度人和中国人，论技术二者相当，但印度人的教育轨迹普通是“工科学位+工商管理学位”，所以现在美国巨头公司里的高管们出现了越来越多的印度裔面孔。

布伦特说，专业斜杠人的意义在于：一方面，自己要有探索未知领域的勇气，毕竟世界发展这么迅猛，停止探索意味着自断后路；另一方面，和普通斜杠人相比，专业斜杠人的“专业”之处在于，你能够找到二者或者多者相关联的地方，当你发现一个值得深入研究的领域时，要有足够的智慧让自己停止“乱”探索，而是把这个“结合处”深钻下去。

“你的斜杠是货真价实的斜杠，钻研得这么深要花很多时间和精力，所以你一周工作6天、每天工作时间基本维持在12小时是这个原因么？”我问布伦特。

“作为一位带着几名学生、手上有几个项目、每周要完成教学任务、还要负责院系里的一些行政事务的教授和副主任，我的工作性质决定了我必须花那么多时间。我才50岁，正是年富力强的年龄，太闲了不好吧。”

“那你怎么保证把这些事情都做好？同时还要兼顾家庭？”

布伦特想了想，告诉我：“我保持忙碌，但不会忙碌到让事情失控。当我发现事情可能走向失控时，我会让自己停下来。”

利器二：
“过于忙碌”= 失控，所以你需要停下来

布伦特说，当他做一件重要事情时，发现自己完全没有时间

处理另外一件重要事情时，他知道自己即将失控了。“我太忙了，我没时间做这件事！”这句话在布伦特听来是一个无法控制自己生活的人会说的话，说明应当重新审视自己的做事方法和原则了。

布伦特的方法就是停下来，去休息一下。

我曾在纪录片《走进比尔：解码比尔·盖茨》里看到比尔·盖茨有一个习惯。20 世纪 90 年代，比尔·盖茨还在微软时，他就会定期前往胡德运河，那里有一所简约的房间，房间里有书桌、椅子和装满了可乐的冰箱，他在那里独自一人过一个星期，别的什么都不干，只有读书和思考，这就是他所谓的“思考周”。

比尔·盖茨将自己的大脑比作电脑的 CPU，收集信息、处理信息，而“思考周”就像是比尔·盖茨为自己设置的“系统维护”，用一周的时间来培养自己的专注力、拓宽思路。

商界人士似乎有与世隔绝、定期沉淀自我的习惯。曾以投资推特和优步而被誉为硅谷“最具眼光”的投资人克里斯·萨卡也是如此。2007 年，他准备成为投资人后，从闹哄哄的旧金山搬离，在一个适合滑雪和徒步旅行的乡村买了一座小屋，目的在于希望能够专注于自己的事业，希望有时间静下心来学习自己想学的东西，积累一些自己想要积累的东西，切实发展自己希望发展的关系，而不是整天一杯接一杯地喝咖啡、参加那些没意义的社交晚宴。

这间小屋不仅给克里斯提供了思考的空间，还成为他高效积累人脉的场所。他借钱建了这所带三个卧室的房子，然后定期邀请一些特定的公司创始人来他的“茅舍”和“澡盆”（室外的热水浴缸）度过周末，这其中包括促使他完成对优步、推特等公司投资的一些人。当初借钱建的房子，结果让他结交了一批受益终身的朋友，把生意做得红火。难怪他曾说“这间小屋是我做过的最合算的一笔买卖”。

比尔·盖茨和克里斯·萨卡都是懂得“及时叫停”的人，当我们的大脑和生活处于高速运转、可能即将出错时。布伦特也一样。

他在十几年前用攒的一笔钱买了一间木屋，木屋所在地非常偏僻、原始，他刻意没有接通网络、电视，甚至电（最近几年年纪渐长后发现不太方便了，才在几年前通了电，但依旧没有网络）。每年暑假他会抽出 10 天左右时间带上妻子劳拉和两个儿子去那里开始原始人般的度假。度假期间，他每隔两三天会开车一小时去镇子上的图书馆上网查收一下邮件，其他时间以钓鱼、思考、读书、读论文和与家人闲聊为主。这项家庭传统被执行了十几年。

“是不是从事大量脑力劳动的人都喜欢去荒郊野岭放空大脑？”我半开玩笑半认真地问布伦特。

“反正我是挺喜欢的，别人我不清楚。我觉得不一定非得去‘荒郊野岭’，而是你能找到一种适合自己的方式，去帮自己摆脱那种无助于提高生产力的思维。不停叠加自己的工作、因为一件重要的事而放弃另一件重要的事都是不对的。这在我看来也是一种懒惰。”

“都忙得团团转了还是懒惰？”。

布伦特给我解惑：“长期放假、不做事、放纵是懒惰，忙到失控也是一种懒惰。因为人习惯沿着惯性做事，而不去反思自己做事的方式方法，这就为懒惰提供了空间，让忙碌侵蚀了自己的思维。此时，你让自己停下来，恰恰是一种刻苦勤奋地整理自己的思绪、探索更好的做事方法。阿基米德在浴缸中的‘我找到了’、牛顿的苹果、苯环的发明都说明了这个道理。”

不过，比尔·盖茨、克里斯·萨卡和布伦特的“放空”、休假还是和普通人不同的，我们普通人休假是纯玩，去睡懒觉、享受美景美食；他们这些专业人士的休假是把自己从繁杂琐事中隔绝开，腾出空间和时间去更好地思考、探索。让疯狂运转的大脑暂缓，但绝非停止。

我在美国生活的这些年，接触了很多博士生、做科研的人，发现大家都有类似的习惯。比如，老刘在每个周末的下午和晚上都会待在实验室里，哪怕不做实验、哪怕要掐着大腿看论文，他都会强迫自己待一段时间。这和是不是工作狂无关，而是在周末纯粹休息两天后，很难在周一早上找到做科研的状态，要维持这种大脑运转的惯性，即便它减速，不在状态中，也得让它坚持转下去。

布伦特的休假方式给我的启示是：作为职场人，你想在职场生涯取得更高成就，就需要放弃“一刻不停地工作”和“彻底休息”两个极端。保持忙碌但懂得减缓、不至失控，也不要彻底断电，不断去寻找“最在状态”的那个平衡点，这是我们的必修功课。

利器三：
坚持自己的标准

布伦特的“坚持自己的标准”，在他家某次举办的聚会上，让客人们领略了一下。开饭时，一大帮人围桌而坐，各自拿着盘子拣选自己想吃的菜，我正要对一盘沙拉下手，突然被布伦特叫停。

“我要把这盘菜暂时撤下去，请各位见谅。”布伦特的举动让在座的十几位宾客不解。

他继续解释：“这盘沙拉的做法是我家‘祖传’的秘方，非常好吃、独特。但昨天购物时，常用的那种奶酪没有了，我偷懒就用别的奶酪替代。刚才尝了一下味道，我真的不能接受我家祖传三代的秘方沙拉就这样被我毁了。抱歉各位，我要暂时撤下这盘菜，去别的超市看看有没有常用的那种奶酪，然后重新加工一下。你们先用餐。”

每位客人都觉得不至于，因为沙拉已经很好吃了（对我这种几乎分不出奶酪区别的人来说更觉得此举小题大做），虽然开车去最近的超市买奶酪，然后重做一盘并不费工夫，大约15分钟就能完成，但真的有这个必要么？

还是他老婆劳拉懂布伦特：“随他去吧，要是不做出一盘和秘方一样的沙拉，他今晚会失眠的。”

还好20分钟后，布伦特端上来一盘在他看来终于是完美的沙拉。

“坚持自己的标准”，通常是“高标准”。但它和我们经常“批判”的完美主义者不同。前者知道事事难圆满，但在不完满中依然有自己的原则和要求要坚守。

为了写这本书去采访布伦特时，我提到了发生在几年前的这起“沙拉事件”。我开玩笑地说：“还好只是沙拉出了问题被你修正，要是主菜不符合你心意，在场的人只能吃沙拉充饥了。”

布伦特说：“我不会允许最重要的事情，比如烤羊发生意外状况。沙拉不符合我的预期是因为我当时偷懒了，懒得跑去第二家超市买对的奶酪，结果就是最后我还得花时间弥补这个问题。”

“你不会觉得有点小题大做了么？”

“对一盘菜而言，也许吧，尤其是我不是专业的厨师，你们参加的只是家庭聚会而不是专业美食鉴赏会时。但我确实有自己的标准要坚持，这种习惯影响着我的工作和生活的方方面面。”

“高标准、高要求通常被视为好习惯，尤其你对自己也这么要求时。但在我看来，它很反人性，人天生喜欢偷懒。我很好奇你为什么会有这种习惯？”

“我以前就是个坚持‘平均标准’的人，觉得差不多、过得去就可以。考一百分太难，能有七八十分过得去就好。后来因为这个‘平均标准’受伤过，才下决心接下来的人生都要高标准要求自己并坚持。”布伦特和我讲起了二十多年前，他读博士期间为自己的“平均标准”买单的往事。

在读博期间能够在专业内的好优秀期刊上发表论文，这对将来的职业生涯很有帮助，尤其是想从事科研工作的话。但做实验、等数据、撰写论文、等审稿通过是一个漫长且充满变数的过程，可能好几年都要与失败为伍。布伦特在读博的第三年，他的实验数据一直不太出色，为了能在第四年毕业前有一篇论文发出来，有点着急的他选择了几组表现平常的数据，撰写成文后希望投给一些二流的期刊。要知道布伦特的博士是在宾夕法尼亚大学就读的，他跟随的导师是业内大牛，整个实验组出的成果、发表的论文都在圈子内颇受好评。当他把这篇有着平庸数据的平庸论文交给导师看时，导师当场投来了鄙夷的眼神。

“我永远都记得那蔑视的眼神，那好像是在说，如果我再那样做，就不用来实验组了。我的导师告诉我：‘如果没有准备好，那就不要把普通的数据发出来，不要心存侥幸，寄希望于一个普通的数据、普通的结论能引起关注。对一些行业来说，普通就是低于标准，你要么直接做得足够好、要么做出补救，而不是明明知道做得低于标准但仍然寄希望于侥幸过关。’这种教训你只需要一次就够了。保持标准，寻求帮助，做出修补，做任何有必要做的事，除了欺骗自己和别人。”20多年过去了，我相信这件事对当时的布伦特来说无疑是当头棒喝，至今他讲起这些话时还十分严肃。

高标准、严要求的人无疑是“麻烦的”“难搞的”，但作为科研工作者，尤其是还带领学生的导师，他们的一举一动和处事的价值观都会对学生产生巨大影响，而这种影响无疑又会对一个领域的发展产生作用。从这个角度来说，布伦特维护自己的标准没有错。

每一个“坚持自己标准”的人背后都经历过三个阶段：

第一阶段：绝望。一直坚持太难了；

第二阶段：希望。看到了一些坚持后的好结果；

第三阶段：习惯。让坚持高标准融入自己的生活和工作中，成为常态。

布伦特无疑已跳到“习惯”这个阶段，而且从他目前的工作和生活来看，这种坚持值得。

小结

利器一：成为专业斜杠人

你自己要有探索未知领域的勇气。能够找到二者或者多者相关联的地方，当你发现一个值得深入研究的领域时，要有足够的智慧让自己停止“乱”探索，把这个“结合处”深钻下去。

利器二：“过于忙碌”= 失控，所以你需要停下来

1.“我太忙了，我没时间做这件事！”听来是一个无法控制自己生活的人会说的话，说明你应当重新审视自己的做事方法和原则。

2.作为职场人，你想平步青云、在职场生涯取得更高成就，需要放弃“一刻不停地工作”和“彻底休息”两个极端。保持忙碌但懂得减缓、不至失控，也不要彻底断电，不断去寻找“最在状态”的那个平衡点。

利器三：坚持自己的标准

每一个“坚持自己标准”的人背后都经历过三个阶段：

第一阶段：绝望。一直坚持太难了；

第二阶段：希望。看到了一些坚持后的好结果；

第三阶段：习惯。让坚持高标准融入自己的生活和工作中，成为常态。

思考与练习

1.你目前的专业/工作是什么？有和它们相关的、恰好也是你感兴趣的事情么？比如，我有个朋友工作是游戏背景设计师，她“理所当然”喜欢打游戏，又是个喜欢讲段子的幽默东北女生，最后“顺理成章”成为游戏主播。

2.你还在用“时间统计法”记录自己在每天的时间开销么？找出那些让你忙“疯”的“正事”，然后想办法一定给自己找到一个喘息的机会，哪怕是把带薪如厕从10分钟延长到20分钟。

3.给生活、工作、爱情、亲情、友情、健康、财务这六个纬度里的每一条设置至少一条“底线”，将其视作自己不可动摇的标准。

第七章

大脑高效运转的秘密

——凯文：让大脑高速运转 50 年

凯文是那种你第一次见到会有点距离感的教授：身型壮硕、一头白发、不苟言笑，还总喜欢蹙着眉。学生看到他就会想："天呐，我是不是考试没及格？"他是那种天生会让陌生人有紧张感的人。但是，当你开始和他交谈并逐渐和他熟识，你会看到他的真面目——一位喜欢和你说笑、会天马行空地向你提问的长者。

我认识的一个学生曾告诉我，有一次大家正在考试，凯文是监考老师，他刷着手机，突然推特的提示音响了。凯文一脸歉意地对整个教室的学生说："抱歉，是我忘关推特提示音了，我正在熟悉这个家伙，大家千万不要拿手机啊。"

再过 2 年，凯文就要 70 岁了，但他对大脑研究的痴迷依然不比 40 多年前刚入行时弱。大脑里每个区域、每块皮层、主管的功能他倒背如流，完全是一部"脑字典"。进行脑切片时，手起刀落，既稳当又漂亮。他教授的大脑实验课多年来被所在高校评为经典课程，选修的学生一拨又一拨，即便他们将来不从事脑研究，一学期也足够成为他们一生中一次精彩的人体探险。

凯文和很多科学家一样，探索科研走的是一条常规路。本科、硕士、博士，都是在高校综合排名前十的学校完成的，然后去了费城的医院实习、工作，最后成为一流公立高校的教授，一干就是25年。

我问凯文："搞科研是一件极其耗费脑力的工作，从博士算起至今有40余年了，并且你还在持续做下去，授课、做项目、带学生，没有一样落下，你是怎么保持50年来大脑都清醒运转的？我写稿子，连续写4个小时就觉得筋疲力尽，你让大脑高速运转了50年，不累么？"

"首先，澄清一点，我的大脑从我10岁起就开始高速运转了，我从小就是那种喜欢天马行空、胡思乱想的孩子。小时候，朋友们都在拿石头丢着玩，看谁扔得远。我想的是能不能用火把石头融化？能不能用水把石头泡软？玻璃和什么样的石头硬度差不多？一开始，我父母还挺配合我，后来他们发现我越来越不着边际，索性放任我一个人瞎想。

"研究脑神经，有一部分原因是我对人脑痴迷，另一部原因是这份工作能逼着我不得不一直思考。在我看来，这世上能让你真正动脑思考的工作不多，需要一直动脑的工作更少，很多工作最后都会沦为流程化，甚至压根不需要你动脑。"

"你怎么保持一直动脑的？难道就没有疲惫的时候吗？"我实在好奇。

"当然有。当我的大脑运转累了，我会用喝咖啡这种最简单、见效最快的方法让大脑尽量恢复状态。从5年前开始，我喝咖啡的量减少了，每天也就3杯，之前一直是每天5杯。我还会尽量带着问题上床睡觉，保持自己的大脑在睡前思考。”

利器一：
有意识地带着问题睡觉，形成自己的“思考仪式”

我的睡眠质量很差，为了拯救自己的睡眠，我读过不少相关的书籍、论文和报告。但在我印象里，几乎没有专业人士建议一个人带着许多问题去睡觉。通常，他们给出的建议都是在临睡前尽可能放松，可以喝点红酒、听听舒缓的音乐、看一本轻松的书、寻得一套舒适的寝具等。凯文的做法完全不同。

“如果没有别的安排，我每天和妻子吃过晚饭后，我就会开始思考白天的工作和问题。通常，我会把自己想要在晚上思考的问题记到笔记本上。比如我想要解决的问题是：大脑切片课上的哪些环节能够设计得更有效？实验数据不理想可能存在的问题有哪几个方面？等等。

“然后我会去想可能的解决办法，比如哪些关键点可能会限制问题的解决或者有助于问题的解决？我有哪些方法或资源可能用得上？我想要做的就是利用睡觉前的休息时间对问题进行思索，让想法自由迸发，并据此想出解决方法。因为当你把问题写下来、‘种’进脑子里时，即便你在休息或者做其他事时，你的潜意识里也会思考这些问题，并寻找解决方案。”

凯文说的这些，我作为一名写作者比较理解。每次收到邀约写稿时，我都会把选题和要求敲在文档上，多读几遍。这些东西会生长在你的心里和脑子里，即便你再做别的事，它们也在酝酿、发酵。很多时候，不经意的想法、灵感或者素材就冒出来了，完美地契合了主题。

我把这些理解讲给凯文听，他说：“你理解得很对。我的本意不是鼓励每个人都在晚上或者睡觉前进行高强度思考。我的大脑适合在夜晚思考，但有人可能更适合在洗澡、上厕所的时候进行思考。我想说的是：首先，你得不排斥、不惧怕思考这件事，尤其是你的工作需要进行大量思考时；其次，你得多尝试从不同时间段找找自己适合思考的时候，可能有最佳时间段，但也不要放弃那些‘还可以’的时间段去思考，你不知道它会给你带来什么样的结果。”

我问凯文是否能对自己思考的这种“仪式”稍作一个归纳，因为我听他在前面说时特意强调了“写在纸上”这个行为。不知道是不是还有其他哪些步骤是思考不可缺少的。凯文想了想说，他的“思考仪式”有以下四步：

第一步：找一段较长（至少 40 分钟起）的空白时间，在这段时间里不受打扰；

第二步：把问题写下来，白纸黑字放在眼前。他认为写在纸上比写在手机备忘录或者电脑文档上要好，因为纸笔没有额外的“诱惑”让你去点击其他内容；

第三步：围绕一个问题开始思考可能性，包括推敲、计算，如果需要查阅其他资料可以先记下来，尽量不要中途打断；

第四步：坚持自问三次“为什么”，尤其是你思考的问题涉及内在动机、主观判断等这些更偏“人为因素”的情况时，比如“为什么你会做出这个选择？”“为什么你想用这种方法？”

凯文告诉我，他不仅坚持执行这些“思考仪式感”，为了让自己能长久从事科研工作，他多年来还坚持玩一个小游戏来锻炼大脑“肌肉”。游戏很简单，让妻子或者亲人、朋友每天随便提出一个问题，范围不限，上到关乎宇宙人类的，下到涉及柴米油盐都可以。在问题提出后，凯文坚持想出多于10个点子去“解决”这个问题。他甚至会做记录，以防问题被重复提出，或者答案被多次使用。

凯文特意强调：“这是一项练习，未必真的要去解决问题，但一定要督促自己想各种可能性去尝试。习惯性地练习比想到的主意本身更重要。”

提到思考，我不可避免想到了“失败”这个词。虽然我不是一名科研工作者，但过去5年，我看着身边的博士、教授们忙忙碌碌，每天听他们的对话，领悟到的一个真相是：科研路上会经历九九八十一难，但你也未必能像唐僧一样取得真经。做科研的人几乎就是在错误堆里这么摸爬滚打着前行。不夸张地说，一个科学家能成功靠“两条腿”，一条是要具备过硬的智商和扎实的学术功底，而另一条，是对待错误和失败的态度。所以我很好奇，凯文如何看待失败这件事。

利器二：
不为失败唱“赞歌”，愿意为消除失败再试一次

不知道是不是看多了失败，凯文对失败的解读很犀利，他认为失败就是一场彻头彻尾的悲剧。

“人们总想为失败唱‘赞歌’，好挽回一点颜面，找到一点意义，可我认为失败就是失败，它是一场彻头彻尾的悲剧，并没有什么唯美的元素。那些沉重的打击、丧失的自信、低落的士气、难以下咽的悲观，你得统统承受。”凯文说得很严肃。

“可总有人会从失败中学到点什么吧,这些也是失败的价值。”我还在努力为失败唱“赞歌”。

“你当然可以这么看待失败。但我认为，失败不是用来教育人的，太多人并不能从失败中学到什么经验教训。一方面，这世上真正会思考、反思的人不多；另一方面，很多人接受失败的态度并不是像你说的那么积极乐观，还会去学习经验教训，更多人面对失败的态度是逃避、推卸，甚至崩溃。所以，我觉得失败的价值其实很低，没必要美化它。”凯文对失败的否定态度很坚定。

“这么说吧，做科研的人基本算是与‘失败为伍’，我很难相信你对失败的想法如此悲观。我相信在你几十年的研究生涯里肯定遇到过无数次失败，难道你都是靠着这么悲观的态度渡过的？”我问凯文。

“我不认为自己看待‘失败’是悲观的，我只是正确理解失败。而且我认为失败没有价值，不代表就会被它击败。其实，你对失败秉持什么态度不重要，重要的是，无论如何你都愿意在失败后‘多试一次’。”

凯文的这个看法让我想到了以色列这个国家的人民。以色列人对失败的看法和凯文颇为相似：我们不包容失败，我们包容再次尝试。我曾在相关的图书、电影和纪录片里对以色列人的这种精神有所领悟。

以色列是个神奇的国度，它在近半个世纪以来经受过无数战争，国土只有2.5万平方公里，且大半国土都是贫瘠的沙漠，资源匮乏。然而这个人口800多万的小国，人均GDP却达到了41 614美元，略高于日本，与英法相当；建国仅60多年，却能拿下12个诺贝尔奖，其中10位得主还是过去20年内诞生的；以色列还被称为“创业之国”，这个国土面积比北京还要小的国家却是纳斯达克上仅次于美国的创业大国。种种成就可说是相当耀眼。

在以色列，从学生到成年人都喜欢谈论创业，但96%的创业企业都会失败，把“创业”和“失败”划上约等号不算夸张。设想一下，如果我上高中的孩子天天“不务正业”忙着当所谓的CEO，和其他的十几岁未成年孩子“开会”，捣鼓多半会失败的“产品”，作为一位从中国学生“进化”成中国家长的人，我八成会投反对票，连“训斥”孩子的台词都想好了：不要“作妖”了，是高考倒计时的牌子不显眼？还是你成绩好到能够保送清北复交了？

但以色列的家长格局比我大多了。在《他乡的童年》这部纪录片里，一位在高科技行业工作的犹太妈妈这样看待孩子的创业：如果孩子确实喜欢创业，家长和学校都会鼓励（高中学校甚至为学生提供初创公司项目培养）。因为他们认为，在创业的过程中，你吸取到的经验和教训更为重要，因为它教会了孩子如何应对失败。

但犹太人对失败这件事有着更加积极、正面，甚至英雄色彩的定义。在犹太人的眼中，真正的英雄不是上来就赢的那种人，而是一直失败但一直不放弃、勇于尝试的人。纪录片里一位以色列大学的教授对失败的态度总结得很好：我们包容的不是失败，我们包容的是再次尝试。

我向凯文讲述了这部纪录片里犹太人对失败的看法，凯文非常赞同。他说：“尽管犹太人还是美化了一点失败，但我与他们的核心相似，那就是‘再次尝试’才是最重要的。”

凯文说的“再次尝试”这种精神让我想到了前两年很火的一个词“坚毅（Grit）”。宾夕法尼亚大学心理学副教授、美国麦克阿瑟奖获得者安杰拉·达克沃思经过多年科学研究证明，这种被称之为坚毅的品质才是人生取得成就的关键性因素。

凯文告诉我：“虽然你认为我把失败看作是一场悲剧的提法过于悲观，但在我的两个儿子还小的时候，我就告诉他们：失败的结局可以是输，也就是当你彻底放弃时；也可以是爬起来继续前进，直到达成所愿。”

我想凯文教育孩子对失败进行如此解读的方法应该是成功的，因为他的两个儿子都找到了各自人生的使命感并为之奋斗——一个在高校攻读自己喜欢的领域的博士；一个在非洲的利比里亚工作，为当地人民解决卫生环境问题。

我对凯文“失败观”的形成很好奇，便问他为什么会对失败有这样的看法。

“形成这种‘失败观’很容易，从小参加体育竞技训练和比赛的人都懂。我认真投入时间和精力学习的第一项竞技体育项目是摔跤，从 7 岁一直到 12 岁。我用了一年学会不在练习中被摔哭、用了两年学会不在对抗中被摔哭、用了三年才学会不在比赛失败中哭，而是收拾起难过回到练习场地继续备战下一次比赛。如果你想让你的孩子将来拥有一颗坚毅的心，就让他长期从事一项体育竞技比赛，从中去得到磨炼吧。”

利器三：

“往小看”，达成最小目标

老刘和法尔扎内都曾上过凯文的大脑教学课，得到了一致好评，课程设计得很清晰，理论与实践结合得当，是一门会让学生有成就感的课程。

“你说的成就感是来自对新知识的汲取么？”我问法尔扎内。

“一部分是。还有一部分是凯文教授有一种魔力，让学生在课程参与的过程中就能体会的成就感。很神奇。”法尔扎内说。

我把法尔扎内和老刘的这种感受告诉了凯文，问他秘诀是什么。

凯文咧嘴笑开，说：“哪有什么诀窍，不过就是让学生们从总能达成的最小目标开始，成就感自然就有了。”

凯文接着解释：“这可能和我从事的研究有关吧。大脑是一个复杂的机器，多少科学家终其一生都只能研究极小的一部分，甚至研究 30 年也才刚入门而已。所以，我习惯了凡事都往小看。很多人都喜欢来个大目标，大目标能彰显一个人的能力和魄力；而且大目标更安全，因为总能有退路。但我习惯问自己：我能够达成的最小的目标是什么？值得我付出时间的最小的项目是什么？为了最大化的实现教学目标，我能够带的最少的学生数量是多少？往小看的好处是，它很容易实现。实现之后，再去够那些中等的、宏大的目标，让自己更有底气，能确保自己身在其中不容易产生过多的危机感。”

凯文的“实现最小目标”让我想到了美国作家斯蒂芬·盖斯提出的“微习惯”这个概念。微习惯是一种非常微小的积极行为，微小到你每天几乎不花费力气就能完成的目标。它的要素是：微小的目标、极少量意志力、长期坚持。

盖斯正是凭借微习惯，凭借健身、阅读和写作三大特长，让自己从一位懒癌患者，成为美国千万青年的偶像。

他是怎么做到的呢？从每天一个俯卧撑、每天读一页书、每天写 50 字的微目标开始。一般人的目标可能是每天三组俯卧撑、每组 20 个；每天阅读一小时；每天写 2000 字。这两种目标毫无疑问是盖斯的那种更容易让人行动起来，并长期坚持下去。因为它们实现起来太简单，几乎没有失败的可能，一个俯卧撑几秒钟就能搞定，读一页书、写 50 字，几分钟就能搞定。因为容易实现，所以就避免了我们不敢开始的纠结心态。

此外，微目标还符合进化心理学。人类大脑总是排斥耗能费力的事情，尽管是那些从长远来看很有好处的事情，比如健身、阅读。但因为微习惯的目标小到不可思议，所以你的大脑不会产生排斥，也不需要打鸡血提供动力。做一个俯卧撑太容易了，就算你忘记了做，在晚上临睡觉前想起来，不到几秒钟就能完成，也会毫不含糊地做了。所以很容易坚持下去。

可微习惯真的会改变现状么?

就拿健身来说吧，每天做一个俯卧撑，就算养成习惯，一年之后也很难拥有想要的身材吧？理论上来说，这样的微习惯不会有效果，但实际绝非如此。如果 365 天，你真的每一天都只做一个俯卧撑，只有两种可能性：第一，你是个机器人，完全按照设定的程序走，一点变动的可能性都没有；第二，你根本就不想拥有好身材。

能养成微习惯的前提是，你真心想实现某个目标或愿望。如果你真的想锻炼好身材，就不会在 365 天中每一天都是做一个俯卧撑。大多数情况下你都会多做几个，之后，你就进入了行动状态，再利用已经动起来的惯性，以及行动带来的信心（微目标完成后带来的成就感）继续锻炼。

盖斯就是这样，做了一个俯卧撑之后，觉得再做几个也不费劲，于是又做了几个俯卧撑，然后又做了几个引体向上，一旦动起来身体就会被激活，直到最后他足足做了 30 分钟的锻炼。

你可以说设定微目标具有欺骗性，但它存在的意义就是让我们能够轻松开始并坚持。而且，就算你真的不想超额完成，只维持最小数量，微习惯在很多方面还是会带来丰厚的回报。

就拿读书和写作来举例。假定我们的微习惯是每天看书 5 分钟。一年下来，我们可以轻轻松松拿下 10 本普通厚度的书。写作也是一样，每天花 5 分钟（大多数时候其实只用 1~2 分钟）写 50

个字，一年下来就有约 2 万字了，按照一篇文章 2000 字算，也差不多有 8~10 篇文章了。

微习惯的养成具体来说有以下六个步骤：

第一步，发自内心地问问自己希望达成的目标是什么。如果微习惯让你觉得痛苦，说明你内心并不想养成这种习惯 。

第二步，考虑清楚后，列出微习惯清单。制订清单时，不要贪多求全，先制订 3 个以内的微习惯足矣。如果清单项目太多，会分散时间和精力，一旦做不到，自信心将严重受挫。

第三步，执行微习惯时，可以随机应变，完成就行。比如，定好了每天晚上 9 点读书 5 分钟，但在周末临时看了一场电影，回家晚了，10 点开始读书也无妨。

第四步，记录微习惯执行情况，建立反馈机制。在养成微习惯的过程中，可以利用各种 App（跑步 App、读书 App、睡眠 App 等），记录自己对微习惯的执行情况。凭借这些工具，每个人都可以进行自我管理，关注自身成长变化。

第五步，给予微习惯回报奖励机制。微习惯虽小，但能坚持下来也值得奖励。所以定个“节点”，当完成时给予自己一个有仪式感的激励。

第六步，持之以恒，让微习惯成为条件反射。当微习惯发展成惯性动作时，我们不用刻意提醒自己，自己就会去做，这时成就感也会油然而生。

但微习惯和凯文说的“实现最小目标”还是有风险的。凯文提醒我说：“如果你选择了实现最小的目标，结果失败了，自信和自尊真的会遭受重大打击，所以对小目标务必要全力以赴。”

小结

利器一：有意识地带着问题睡觉，形成自己的“思考仪式”

第一步：找一段较长（至少 40 分钟起）的空白时间，在这段时间里不受打扰。

第二步：把问题写下来。他认为写在纸上比写在手机备忘录或者电脑文档上要好，因为纸笔没有额外的“诱惑”让你去点击其他内容。

第三步：围绕一个问题开始思考可能性，包括推敲、计算，如果需要查阅其他资料可以先记下来，尽量不要中途打断。

第四步：坚持自问三次“为什么”，尤其是你思考的问题涉及内在动机、主观判断等这些更偏人为因素的情况时。

利器二：不为失败唱“赞歌”，愿意为消除失败再试一次

长期从事一项体育竞技比赛，从中去得到磨炼。

利器三：“往小看”，达成最小目标

1.“往小看”/微习惯：

“微习惯 = 微目标 + 极少量意志力 + 轻松长期坚持”。

2. 微习惯的养成具体来说有以下六个步骤：

第一步：问问自己发自内心希望达成的目标是什么。

第二步：考虑清楚后，列出微习惯清单。制定清单时，不要贪多求全，先制订 3 个以内的微习惯。

第三步：执行微习惯时，可以随机应变，完成就行。

第四步：利用便捷的 App 记录微习惯执行情况，建立反馈机制。

第五步：给予微习惯回报奖励机制。

第六步：持之以恒，让微习惯成为条件反射。

思考与练习

1. 总结一套属于自己的“思考仪式”，包括时间、时长、工具、问题。

2. 面对失败，你是更容易“站起来”、逃避，还是“被打趴下后长久起不来”？选择一项运动，投入进去，无论是体育类还是手工类或者益智游戏类，只要它包含大量失败的机会就行，从中磨砺自己。

3. 制订自己每天的微习惯，坚持去完成。记得记录、观察一个月、一个季度、一年后的变化是什么？

第八章

掌控人生的选择权

——史蒂夫：年逾70，生命依旧在沸腾

史蒂夫，一位科学家、医生、院系创办人，在业内获奖无数、常年待在非洲欠发达国家，救助过许多儿童。从他的外形或是目前的工作状态来看，你绝对想不到，史蒂夫已经70岁了。

20世纪70年代末，史蒂夫毕业于麻省理工学院，他在80年代中期从杜克大学获得了医学和生物学双博士；之后在费城的儿童医院做医生，他是美国物理学会院士和美国外科医生学院院士，后来来到现在所在的高校医学院担任神经外科教授，并成为该院系的创办人之一，帮助这所高校发展学科。

史蒂夫是他们圈子里公认的大牛，不仅仅因为上面提到的那些漂亮的背景，更因为他出色的研究和贡献。论研究，他的研究兴趣集中在根据基本物理学来了解大脑的病理动力学，以及基于这种理解的技术如何治疗诸如癫痫病、阿尔茨海默氏病、帕金森氏病和慢性疼痛等疾病，在这些领域他都有拿得出手的论文和成果；论贡献，这么一位名利双全、完全可以凭借自己名声养尊处优的科研大牛，却常年在非洲欠发达国家，帮助那里的孩子与疾病搏斗。就在2018年，他还获得了“美国国立卫生研究院主任奖”，

810 万美金的科研经费会投入欠发达国家儿童脑部疾病的研究。

和史蒂夫做访谈实在太难了。他长期留守在非洲，即使回到美国，实验室项目、博士生答辩、院系事务、业内研讨会等这些“乱七八糟”的也让他难以脱身。所以，他有一个老师和学生们众所周知的习惯，只要你看到他常年紧闭的办公室门打开了，不用预约，直接进去找他就好，无论是问问题，还是讨论工作。

我和史蒂夫的访谈就是在这样的情形下完成的，每次访谈持续的时间很难超过 10 分钟，因为他会被别的人或事“抢走”。

我问史蒂夫的第一个问题是：你是如何保持 40 多年来高强度的工作状态的？

利器一：

维持长久的工作状态，开始靠用脑，长久靠用心

“说我的工作需要用脑，大家应该没有异议。每天，我做的与工作相关的任何一件事——除了行政事务的签名——都需要高强度的思考。我喜欢这份用脑的工作，这是我能长久做下去的原因之一。但反观我 40 多年的工作生涯，我发现能让你做得长久的工作必定得是一份走心的工作。一开始，你可以靠你的才华、能力去工作，但最终你得靠热情、成就以及一点忍耐这些‘从心出发’的东西，才能持续长久地工作下去。”

“我理解你说的热情和成就。但‘一点忍耐’是什么意思呢？”

我问史蒂夫。

“这么说吧，你喜欢写作，是一位作家对么？”史蒂夫拿我举例，“作家意味着在自己的作品发表前，你必须忍受自己的作品遭到成百上千次的拒绝，对么？”我点头，他说的这点我有着痛彻的领悟。史蒂夫接着说：“做科研也是一样，有再好的数据、成果出现前，你得忍受数不清的失败；而一位年薪丰厚的律师，他要忍受的是每周 80~100 小时的工作时间。无论你从事的工作一开始多么亮丽光鲜，实际上它都附带着一系列阴暗面，而你要么选择面对，要么选择放弃离开这个行业。”

“所以，我认为持久的工作状态不是完全出自于喜爱、热情和兴趣，比问对方‘你为什么热爱这份工作’‘你对这份工作里的什么感兴趣’这类问题更重要的是‘你的兴趣是否足以支撑你忍受其中最令人讨厌的部分’。那些能把一份工作做得长久出色的人，都是不介意吞咽这份工作里阴暗面的人。这就是我所说的‘一点忍耐’。”

“在取得了这么多的成就后，你现在还需要忍受工作里的阴暗面么？会比刚开始光明些了么？”我问史蒂夫。

“阴暗面一直都存在，虽然它会变化，但不会消失。我知道很多科研工作者和我一样，只想一心一意投入实验项目中，但这不可能发生，因为逃不掉教学、管理、各种行业会议。现在我可能会有更多自主选择的权利，但依旧不能完全摆脱阴暗面，除非有一天我退休了。电影《蜘蛛侠》里面说‘能力越大、责任越大’，但那些责任里肯定有他不想承担却不得不承担的。”我听说过，史蒂夫是漫威的铁粉。

在知道了史蒂夫为什么能保持长久的工作状态后，很自然的，我想了解他这位身兼数职并且每一项都不是虚职的大忙人，是如何平衡工作与生活、如何管理时间的。

他倒是很坦率地告诉我，自己没有平衡好工作和生活。“我90%的时间和精力都投入在工作中，所以对妻子和儿女，我是有愧疚的。我错过了很多原本应该和家人团聚的重大节日，没有参加过一次孩子们的家长会，他们的生日派对也总是我的妻子在操办，我甚至经常错过孩子们的生日、结婚纪念日这些重要的日子。”

我在一次聚会上见过史蒂夫和他的妻子，他的妻子比他小20岁，望向他的时候眼里有光。我认识的一位学生也在那次聚会上，她说她曾经帮史蒂夫的妻子遛过狗，那时她还不知道这个女人的老公就是大名鼎鼎的史蒂夫。闲聊时，史蒂夫的妻子是这样向那位学生形容自己的另一半：“我的老公是一位挺重要的大人物，他很忙，常年不在家，但我和孩子们都以他为荣。”

我想，这可能就是最般配的爱情和婚姻：一位“愿打”、一位“愿挨”，一个懂得感激、一个懂得欣赏。当然，除了有位贤内助外，我相信史蒂夫自身也有一套自我管理系统。当我们谈到这个问题时，史蒂夫给出的方法粗暴又骇人——死亡倒计时时钟。

利器二：

设置自己的“死亡倒计时时钟”

“你知道谷歌浏览器有一款应用叫死亡倒计时时钟（Death Clock）吗？它假定人的寿命有77岁，你设定好自己的出生年月，它就会开始倒计时你还剩下多少天了，能够精确到秒。每次你打开浏览器，就能看到自己在这个世上还剩多少天时间。我把这个天数显示在我的电脑上，每次上网时都能看到数字跳动。没有什么比知道自己的生命还剩多少日子更能让人关注自己的生命了。

“当然，这个程序做得很简单，也不科学。现代人的寿命越来越长，会超过77岁的人有很多，而且我自己目前的健康状况良好，但到了我这个年龄，无论你多注重健康管理，所剩的时间都不会太多。所以，死亡倒计时时钟能提醒我，没时间给你浪费了，你得全力以赴去完成那些自己想要做的事。”

史蒂夫说出这些话我挺佩服他的。人年纪越大，谈起自己的年龄、能成就的事情，以及死亡这些话题都会有些避讳。我一直犹豫要不要问他有关年龄的话题，因为我知道很多有成就的人在年龄这件事上不太喜欢多谈。也许在以往多次的访谈里，史蒂夫懂得对方对他年龄的踌躇；也许他只是真的不介意谈论年龄、死亡这些事情。无论理由是什么，他能主动说起这类敏感的话题让我如释重负。我知道，在以后的聊天中，我们可以谈一些更深刻的问题了。

“我认识的很多长者，包括我的父母，都不太愿意谈论自己的年龄，甚至提及‘死亡’这类字眼。你好像一点都不必介意？”

“我研究了一辈子大脑、疾病，和无数病患打交道，看着或者陪着他们经历死亡，早都看淡了。我在乌干达治疗一位脑积水的婴儿，他只有 6 个月大，我们团队奋力抢救了 72 小时，最后还是没能挽回他的生命。比起这位孩子，我不知道幸运多少。所以，没什么不好谈的。我对‘变老’这件事有一个更乐观的看法，那就是把他看作是‘未来的自己’。71 岁的我就是 70 岁时未来的我。未来是一个中性的或者带着希望的词。虽然我已是 70 岁高龄，但依然会问自己这些问题：‘80 岁的我会给现在的我说些什么？提什么建议？’当你用未来的眼光看待现在时，你不太容易让自己陷入衰老这件事，然后就可以一直前行。”

“在中国文化里，你这种态度就属于‘看开了’，见惯了生死，也能够笑对生死。”

“也许吧。我一生都在和病痛、死亡打交道，在错误和挫败中蹒跚前行。可以说，我见惯了生死，也接受挫败，所以愿意成长到死。”史蒂夫做了精辟的总结。

关于史蒂夫，我还听过一个故事，是他实验室的一位博士后告诉我的。早在多年前，在他研究的领域内，史蒂夫的大名早已被圈内人所知。曾有电视台、TED 邀请他去做访谈和演讲，但都被他拒绝了。这类平台能够让一个人迅速出名，是那种火遍全国甚至全球的出名。多少人借助这样的平台出版了畅销书，经营起自己的事业。但史蒂夫始终不为所动，婉拒了这些出名的机会。

我向他考证了这件事，他微笑着点头承认。我问史蒂夫："为什么拒绝这样的机会？它们也许会对你的事业更有帮助。"

他说："你在前面不是问我，我的自我管理的方法么？我说了死亡倒计时时钟，这是技术层面的。还有内核，那就舍得对捷径和诱惑说'不'，不要追求那些泛泛之名。"

利器三：
舍得对诱惑说"不"，不追求泛泛之名

"我有一位已经过世的同行，也是年长我十几岁的前辈，叫奥利佛，他是著名的医生和神经学家。他的办公桌上放着一张照片，不是家庭合照，而是一张白纸上用很粗的字体打印着一个大大的'NO！'奥利佛把它印成照片放在相框里，摆在眼前，时刻提醒自己。他说，很多次接到各种事物的邀约时，他都会盯着那张照片想一下，然后很抱歉地回复对方'Sorry（抱歉）'。奥利佛懂得孰轻孰重、懂得自己要什么，不愿被泛泛的名声拖累。"

史蒂夫停顿了一下，接着说："去电视台接受访谈、去 TED 面对上千观众做演讲，当然是一条成名的捷径。其实，应该这么说，能获得这些邀请的人，他们已经在各自的领域里有名气了。这时，有些人会希望在更大的平台去展示自己，拥有更多的受众。这样

选择没什么错，但不是必须选择。我能够在自己扎根的小圈子里、在几百上千人中有一些名气并得到他们的认可和敬重，已经很满足了。那种主流社会所带给一个人的泛泛之名，往往给你自己带来更多的责任，这未必全是好处。我比较自私，不想成为公众人物，也不想承担公众人物应有的责任，我只想在自己的一亩三分地里做好本职工作。对我来说，有圈子里这几百上千人的支持，就足够了。”

“可是，你能收到这些平台的邀请，就说明他们认为你有值得分享给公众的内容。而且成为公众人物未必都是泛泛之名，也可以从正面影响很多人。比如，你可以让更多人关注欠发达国家的儿童健康，这是积极的影响。”

“我承认你说的正面影响可能会存在。但让更多人关注某些弱势群体不是我的职责所在，这是公益组织、慈善基金的工作，我的任务是帮助这些群体解决问题。我的确可以通过更大的平台让人们了解我的工作、现实的情况，但在电视上露脸2分钟带来的首要好处是让我身边的人为我感到骄傲、我自己获得更大名声，而不是让欠发达国家的孩子的脑部积水治愈。为了这几分钟，我可能要花费几十个小时去准备，我认为不值得。我要尽量避免让名声变大但做的事情变少这样的事发生。”

史蒂夫说这番话时很真诚，他绝对不是伪善，而确实是一位不愿为名声所累、想埋头做实事的人。

“而且，做公众人物久了其实会产生幻觉的，你知道吗？”史蒂夫接着说，“那就是‘你以为自己很重要’这种幻觉。二三十岁的时候，我们会努力让自己变得完美，因为我们会在意别人对自己的看法；四五十岁之后，很多人便能抛开束缚，因为我们不再为其他人的看法耿耿于怀；但是，到了我这个年龄才会迎来真正的洒脱，因为你能看到一个真相，那就是现在没有、以前没有、从来都没有人，真正在乎你的事情，除了你自己。所以，埋头做好自己分内之事，就是你对家人和全人类最好的回报。”

听史蒂夫说完这番话，有一个问题我强烈想知道他的答案：“那你为什么会愿意接受我的访问？我也占用了你不少时间。”

“首先，每次你并没有占用我太多时间，十几分钟的时间我还是有的。而且面对你，我不需要化妆、看镜头、修改我的演讲稿，我们更像是轻松的聊天或者你问我答，这种方式很轻松。其次，我觉得你做的事情是有意义的。对于不是我们这个领域的公众来讲，去了解我做的技术、实验意义不大，而你并没有问我这些问题。你问了很多和生活、职业相关的软性问题，我觉得自己可以分享一些过往的经验给读者，这比给他们分享我的实验技术更有意义。”

何其有幸，我能得到他的支持！

在最后一次“冲进”史蒂夫的办公室时，我实在没能遏制住自己的好奇心，问了他“小联合国”的问题。

利器四：

掌控竞争性合作，懂得如何与对手合作，才能赢得更稳

史蒂夫的实验室是个“小联合国”，一个组里的5位成员，分别来自中东地区、乌干达、美国、中国、印度，我没见过其他实验室的成员种族如此丰富过。

我问史蒂夫，这是巧合还是他在聘用时刻意为之。史蒂夫说有巧合的因素，比如他和非洲的某个国家展开合作，聘用那里的人会更为便捷，“但我内心也是喜欢一些出人意料的组合”。

史蒂夫的“出人意料的组合”是指，在一个团队中，尽可能雇佣背景、国籍差别大的人来合作。他说，把一些“不相容”的资源组合起来是困难的，但正是这种出其不意的组合，往往蕴含着巨大的价值。

“你是如何让‘不相容’的组合合作的？”我问史蒂夫。

“有困难，但没有你想的那么难。你知道高尔顿·威拉德·奥尔波特么？他是最早关注人格研究的心理学家之一，被称为人格心理学之父。他曾做过一项研究，发现只要在满足双方地位平等、拥有共同目标、相互合作、尊重彼此的法律和文化习俗这四个前提条件下，让来自不同文化背景的人相互相处一段时间后，就可以把天生互不信任的一群人拉到一起，通过简单的社交接触让他们彼此喜欢。简单得难以置信。”

史蒂夫接着补充：“这就像我们一开始接触新事物时，总是会感到害怕，但我们的反应渐渐地就会变得积极起来。我以前不喜欢听古典乐，但我老婆喜欢听，后来在家时跟着她听习惯了，竟然发现古典乐不仅不难听了，甚至还挺好听。新事物、新乐曲是如此，新人、敌人、不熟悉的人也是如此。我们在一个人的身边待得越久，就越有可能会喜欢他。”

“那你把背景如此迥异的一群人放在一起，会比背景相似的人在一起产生更好的效果么？”我问史蒂夫。

“和不同种族的人相处、共融、合作是每个人的终身课程。从大环境上来说，我们习惯周围的人和自己不同。而且多元化能够促进创造力，可以让不受约束的发现和突破性的创新成为可能；它促使人们寻找更新奇的信息和视角，从而提高决策和解决问题的质量。无论是科学实验、心理学，还是经济学和社会学，都已证实仅仅接触多元化的环境就能改变人的思维方式。”

史蒂夫说的“出人意料的组合”让我想到了竞争性合作这个词。

合作有很多种，比如常见的攻坚某项技术，团队里的人都往一个方向努力；还有些合作我们能够想象，比如你要创业，那么这个团队需要不同的人承担不同的工作，技术人员、财务、人力资源、销售……不同的人各司其职，才能把一个公司经营下去。但有一种合作，叫竞争性合作，是一种比较新的合作形式。

美国最伟大的首席执行官之一、通用电气前 CEO 杰克·韦尔奇对竞争对手的态度曾获得公认好评，他说：“要么收买你的竞争对手，要么彻底打败他。”资源是有限的，竞争对手很可能会抢走我们需要的东西，如客户、晋升机会、职位或预算，从这个角度考虑，韦尔奇的观点没错。

但如果我们能拓宽思路去思考，就会发现，资源的利用方式是多样化的，并非只有毁灭或得到这两种；而且在争夺资源的过程中，必定会产生无谓的消耗，妨碍彼此发现和创造更多的资源。所以，从资源利用最大化和双赢的角度考虑，竞争性合作是可行的。

其实，与竞争对手展开合作而非敌对在商界早已实践过，并取得了令人满意的结果。比如，当年，通用汽车和戴姆勒（Daimler AG）两个汽车巨头分别觊觎着电气混合动力型汽车这一快速增长的新市场，但是双方又同时面临着与丰田和本田的一场硬仗，因为丰田和本田都在早期进入该市场并处于领先地位。因此，双方必须加快产品开发的速度，以便在最短的时间内向市场推出具有竞争力的混合动力技术。最后，双方找到的方法是：合作。

在商界，类似的例子并不少见，比如西门子和飞利浦共同开发半导体，佳能供应复印机给柯达。我们和竞争对手不愿意亲近是因为资源竞争，但竞争者之间其实拥有许多共同的经历、旗鼓相当的技术，如果规则设置得当，可以产生 1+1>2 的效果。

根据咨询公司创始人、《哈佛商业评论》作者加里·哈默尔的建议，竞争性合作的规则可以设置如下：

1. 合作双方的策略目标相同，但竞争目标不同。也就是说，每个伙伴都容许对方在共同的事业中不断成功发展。飞利浦和杜邦合作开发和生产光盘，但他们互不侵犯对方的市场，双方在上、下游各擅胜场。

2. 双方的规模和市场力量，都和产业中的领导者有段距离。这个情况可以让双方乖乖接受彼此可能会互相依赖很多年的事实。当长期合作对双方很重要时，没有人敢太明显地争取它所需要的技术或能力，免得和对方为敌。IBM（万国商业机器公司）的规模是富士通的5倍，这表示富士通要脱离它那些外国伙伴走向独立自主，恐怕还要很长一段时间。

作为普通人，我们或许不需要像许多CEO那样，需要考虑与竞争对手公司角逐的问题，但每个人的人生里都一定有“竞争对手”这号人物的存在，他或许是你的同僚，或许是你的“假想敌”——令你羡慕或嫉妒的朋友、让你无法从内心和解的父母、希望有掌控权的伴侣、过早叛逆的孩子……

他们都有可能在某段时间里成为（或被我们想象成）我们的竞争对手。此时，运用竞争性合作的思维，我们的出发点就不是压制或打倒对方，而是换种思路——合作。

比如，我有一位女性友人，事业心很强，但当母亲这件事分走了她很多精力，又让她心有不甘，结果就是职场和家庭两头都没顾好。请假太多，升职没她的份；孩子生病时加班和出差又让她被老公吐槽，夫妻二人的关系一度水火不容。这些都令她很抑郁。最后夫妻两人商量，让事业心不强的丈夫全职在家照顾小孩，她每月给老公发工资；而她自己则一心一意工作。这种合作发挥了二人各自的长处，也节省了成本和内耗（请保姆的花销、不断的争吵），皆大欢喜。

你可以考虑和暗自角逐的同事合作，把项目完成到120%，这不仅能给客户和老板惊喜，还能让同事知道缺你不可，想要留住你一起加薪升职，自己也不必勾心斗角，天天在职场演宫斗剧；和关系僵持的孩子好好沟通，褪去家长这层外衣，试着从平视化的角度看待孩子，一起设置某个共同目标，合作去完成，从“敌人”变成合作伙伴。当我们转变角度去看待一段让自己不舒服的关系时，它才有变好的可能。

关于与竞争对手的关系，林肯的态度或许比杰克·韦尔奇技高一筹，他说：“消灭敌人最好的办法就是把他们变成自己的朋友，那么我们或许真的能一劳永逸。”

小结

利器一：维持长久的工作状态，开始靠用脑，长久靠用心

接受工作中的阴暗面。

利器二：设置自己的"死亡倒计时时钟"

运用相关App。

利器三：舍得对诱惑说"不"，不追求泛泛之名

把"拒绝""不"的标志放在醒目的地方。

利器四：掌控竞争性合作，懂得如何与对手合作，才能赢得更稳

尝试与"不亲近"、和自己迥异的人相处，找到那个出人意料的组合。

思考与练习

1. 列出你工作中的阴暗面和好处，平心而论，你是否愿意忍受这些阴暗面？如果不愿意，有什么改进办法么？认真考虑一下，在一份工作中，有哪些阴暗面（从薪资、福利、人际、能力、技术、行业趋势等这些纬度全方面考虑）是你愿意忍受的？表 2 是我对自己工作的分析。

表 2 工作中的阴暗面

独立撰稿人的好处	独立撰稿人的阴暗面	补救方法
时间自由、不用通勤和坐班	孤独	我可以忍受几乎没有团队合作这件事，我信奉“写作是孤独的”这回事
是我自己喜欢的工作、有成就感	需要极强的自律	假装自己是上班族，每天按时出门、朝九晚五下班，坚决不在家办公
能用文字影响一些人	收入不稳定，除非你笔耕不辍	坚持做到上面一点，可以保证收入稳定
文字是治愈我的重要方式之一	持续输出，太累	看书或论文、找人讨论、其他影像资料

2. 如果你经常在做重要事情时被打断或者不会拒绝他人，请

在醒目的地方贴满“不”，最好能让别人看到，让他们产生好奇，顺势告诉对方此举寓意为何。

3. 如果你有竞争对手，从“竞争性合作”这个角度考虑，有可能会可改善你们的关系。

至此，我们读完了8位精英的故事，了解了他们之所以能够取得如今成就的那些好习惯，让我们先做一个简单的回顾总结。

◎法尔扎内的利器

利器一：做成一件事，只找最必要的那一个理由。

利器二：别忘了提醒自己，“还没达到平均水平”，但同时假装自信。

利器三：生命有限、“不”字当先。

◎老刘的利器

利器一：懂得提问的价值，学会提问。

利器二：与时间格斗。

利器三：“2=1, 1=0”——始终有备用计划。

◎克莱尔斯的利器

利器一：“永远不要害怕做你力所不能及的事！”

利器二：学会从长计议。

利器三：身处黑暗，心向光明。

◎菲尔的利器

利器一：“磨刀不误砍柴工”，重视整理和列清单。

利器二：准确表达，让自己的生命延长一倍。

◎科恩的利器

利器一：人生可以有趣和认真兼得。

利器二：利用好自己的叛逆心理，把不满变成动力。

利器三：和自己较量，做好小池塘里的大青蛙。

利器四：训练自己的修补能力和修补思维。

◎布伦特的利器

利器一：成为专业斜杠人。

利器二：“过于忙碌”= 失控，所以你需要停下来。

利器三：坚持自己的标准。

◎凯文的利器

利器一：有意识地带着问题睡觉，形成自己的“思考仪式”。

利器二：不为失败唱“赞歌”，愿意为消除失败再试一次。

利器三：“往小看”，达成最小目标。

◎史蒂夫的利器

利器一：维持长久的工作状态，开始靠用脑，长久靠用心。

利器二：设置自己的“死亡倒计时时钟”。

利器三：舍得对诱惑说“不”，不追求泛泛之名。

利器四：掌控竞争性合作，懂得如何与对手合作，才能赢得更稳。

8个人，25个习惯，“利器”不同，但每个人用它们取得了不同的成就。这其中，有没有那些让你心动、跃跃欲试的习惯呢？

其实，这8个人的25个习惯，虽然使用的方式和事件不同，但其实是有共通点的。我做了一个简单的归纳，把这些利器分成四类，它们分别是：

第一类，逆境管理。克莱尔斯的身处黑暗、心向光明；凯文的不为失败唱赞歌、愿意不断尝试；史蒂夫愿意忍受工作里的阴暗面。

第二类，时效管理。法尔扎内记得拒绝；老刘的时间统计法；史蒂夫不受诱惑，不接受泛泛之名；史蒂夫设置“死亡倒计时时钟”；布伦特不要忙碌到失控。

第三类，思维管理。克莱尔斯学会从长计议；科恩愿意做小池塘里的大青蛙；科恩的修补能力和修补思维；史蒂夫的竞争性合作。

第四类，习惯管理。菲尔的整理和列清单；老刘的事情都有备用计划；凯文要有自己的思考仪式。

这四类是本书里8位精英“共同的利器”。在接下来的几个章节里，我将围绕上述4个方面做进一步深入的讨论与练习。目的是让大家对这4个概念有更深的理解，最终掌握这些方法，能够学以致用。

第九章

逆境管理：没有成就能离开痛苦

相信你已经从之前的几位主人公那里看到了关于困难、挫折与失败的故事。无论是从小身患疾病、在实验室里遭遇多次失败，还是不得不忍受工作中那些“阴暗面”，这些遭遇无疑让人痛苦，但他们没有在遭遇痛苦后选择长久趴在泥泞中，而是好好利用了那些让人不舒服的遭遇，让痛苦得以展现出一定的价值。

困难、挫折和失败一定有价值么？当然不是。就像凯文说的，“不必为失败唱赞歌”。但我也相信，失败并非仅仅只是失败。那些有意义的困难、挫折和失败可以价值连城，而“意义”需要经历者去寻找和赋予。

大卫·博伊斯被誉为华尔街的王牌律师，他曾获美国律师协会颁发的最高荣誉“ABA 勋章”（ABA Medal），并在 2010 年入选《时代》评出的“全球最具影响力 100 人”。为什么大卫能获得如此殊荣？让我们先来看看他的战绩。

当年，美国联邦政府联合了 19 个州以及首都哥伦比亚特区，共同起诉微软公司违反《谢尔曼反垄断法》，占据了绝对的市场垄断地位。在现场取证时，几乎把比尔·盖茨盘问到“烤焦”的

律师正是大卫·博伊斯，他让微软差点面临被拆分的危局。

从2007年至2008年，在史上最大金额的反垄断庭外和解中，博伊斯令美国运通收获大捷，迫使两大信用卡巨头VISA与MASTER赔付逾41亿美元；从2010年至2011年，在史上最大金额的专利商标侵权之诉中，古稀之年的博伊斯再创壮举，为甲骨文赢得与思爱普（SAP）高达13亿美元的诉讼大战。毫不夸张地说，大卫·博伊斯是一个令硅谷和华尔街众多CEO都闻风丧胆的名字。但这样一位威风凛凛、在职场生涯取得辉煌成就的顶级律师，他的求学之路恐怕令你意外。

大卫·博伊斯不是出生于律师之家，也不是富贵人家的孩子，更不是像传统好学生那样一路从名校读下来走进法学院。相反，他从小在伊利诺伊州乡下的一个农场长大，有4个兄弟姐妹，父母都是普通的教师。和很多那个年代的美国小孩一样，他人生的第一份工作是在10岁的时候做送报童赚取零花钱。儿时的大卫·博伊斯正常到简直平平无奇，甚至连“正常”都算不上，因为他有阅读障碍。

大卫·博伊斯一直到小学三年级才开始自主阅读，在这之前一直靠妈妈给他读书。可开始自主阅读的他读得很慢，过程也困难重重。直到今天，他每年也只能读一本书。身为著名的律师，他的词汇量仍然有限，通常都使用简单的词语和简短的句子。

儿时的他最喜欢看的就是有很多图片的漫画书和电视，可想而知，大卫·博伊斯的学习成绩并不理想，高中毕业时成绩很差的他也并没有什么远大的志向，早早在建筑公司找到了一份工作，还做过一段时间的会计。

本以为普通又平庸的生活就这样“囚禁”自己一生了，但自从他的第一个孩子出生之后，大卫·博伊斯开始真正考虑自己的将来。当时，他的妻子从社区大学带回了一些关于法律的宣传册，他记得自己小时候对法律特别着迷，于是决定去读法学院。

不客气地说，这真是一个“任性妄为”的决定。因为读法学院意味着要阅读大量的案例以及学术分析资料，这对患有阅读障碍的大卫·博伊斯来说，简直太疯狂。那他是怎么完成学业并成为世界顶尖律师的呢?

他通过自己的劣势找到了适合自己的学习方法。首先，他坐在法学院的教室里，当其他人奋力做笔记的时候，他把听到的东西都记了下来；其次，面对大量文件，他想到的办法是找到一些重大案件的总结，这些总结提炼出了美国最高法院对案件的观点，内容不过一两页，通过这个方法，他让自己跟上学习进度。

此外，他虽然不是一个好的阅读者和说话者（因为词汇量很有限），但却成了一个很好的听众。他的记忆力非常好，尽管这也是“形势所迫”，他在很小的时候就不得不保持高度专注、锻炼自己的记忆力，这样才能记住妈妈给他念的内容。

大卫·博伊斯曾在采访中表示：“听是我这辈子最重要的事。

我要学会听，因为这是对我有效的唯一学习方式。”

就这样，大卫·博伊斯先从一所小型的私立学校修了几门法学课，通过刻苦努力又去了西北大学法学院，然后又转学去了全美最顶尖的耶鲁法学院。毕业后的他没有像常规律师那样，选择去公司、律所当律师，因为那意味着每天要阅读大量文件，并且还要精准理解。

他选择成为一名诉讼律师，这让他能够按照自己的方式工作。比如，他把要说的东西都记下来。出庭期间，当他遇到一个念不出来的单词时就会结巴，他便停下来，像个孩子一样拼出那个词；他在盘问证人时，超强的记忆力帮助他表现得异常完美，证词的每个细节他都能清楚记得，而且他不会错过证人发言的任何细微变化，然后从这些细微变化入手探寻下去，直到击中要害；因为他的词汇表达有限，这使得他和以往那些擅用“大词”“长句”表达的“正统”律师不同，大卫·博伊斯能够直取案件本质，并以通俗的方式展现出来，让现场的人迅速明白。

阅读障碍对任何一个想要在这个世界正常生活下去的人来说，都是痛苦的。失去了以文字的形式去解读社会的机会、有限的语言交流，这些都是现实存在的难题。但这种难题可以是“一辈子的缺陷”，也可以是“一次改变的机会”。大卫·博伊斯无疑选择了后者，从自己的缺陷出发，让短板变成优势。这当中与他刻苦努力的付出有关，也和他看待缺陷和失败所带来的痛苦的方式有关。

拿问题当借口的人，他们的思维通常是这样的："我有某个问题/我经历了某种遭遇，所以，我……"拿问题当机会的人，他们的想法截然不同："虽然我有某种问题/我经历了某种遭遇，但是，我……"

所以，逆境管理的第一个原则就是：扭转想法，向阳而生。

在我看来，扭转想法是一个浅显的道理：不改变，你只能一直活在痛苦中；改变了，你才有希望摆脱痛苦。扭转想法后，随之而来的就是行动上的付出。对于逆境管理，最好的行动方法就是正念训练，这也是它的第二个原则。

正念训练也被称为正念疗法，是由马萨诸塞大学医学院教授乔·卡巴金博士提出的一种认知行为疗法。正念训练强调正视当下和觉察，是一种专注于当下、全然开放的自我觉察，不需要带有自我批判的心态，而是以好奇心和接纳，迎接内心和脑海的每个念头。

其实我们每个人都需要正念训练，未必非得等到身患疾病、遭遇重创后才开始使用。回想一下，你有多久无法专注一件事？你有多少次想认真思考自己的人生，却总被"打断"？你有多少次被自己的胡思乱想干扰得心烦意乱？你是不是经常"想太多"？你有多少次因曲解、误会了别人而错过一段原本美好的人际关系？

如果你经常遭遇这些状况，那么你就需要正念训练。正念训练有两个步骤：第一是"隔绝"念头、专注当下；第二是询问念头、确认动机。这两步是一体相联，在训练时常常放在一起做。

3 年前，我刚生完小孩不到 3 个月，曾因为心理压力去看过心理医生。小孩刚出生时，我恰好签了一本书的合约，生完孩子不到一个月我就开始了每天外出写稿、做“背奶妈妈”的生活。那段时间，因为照顾小孩、写稿压力，以及父母帮我和老公带孩子而组成的新的家庭模式，让我心力交瘁。我写稿的时候担心家里的宝宝，照顾宝宝时又想着自己拖欠的约稿和十几万字的书稿，无法专注于任何一件事；而且伴随着失眠、头痛，我和老公经常发生争吵，甚至有时候会坐在车里突然就嚎啕大哭起来，还大把大把脱发。

我去看了医生，所幸不是产后抑郁。但医生说，很明显我压力过大，这是十分危险的。当时，我的医生通过两个练习对我进行治疗。

第一，切断大脑产生念头的开关，只看眼前的东西。

在心理咨询室里，我的医生让我这么做：先闭上眼睛，深呼吸 5 下，一边呼吸、一边数数，只想着自己的呼吸；然后睁开眼睛，仔细观察咨询室 5 分钟后，告诉她我都看见了哪些东西。

虽然我觉得这个问题很傻、很无聊，但还是遵照医嘱开始观察这个我来过几次的房间。我看到了那些显而易见的东西：桌椅的形状、桌子上的文具用品、挂在墙上的画、浅驼色的窗帘；还有之前未曾发现的一些事物，比如，细如发丝的裂缝、椅脚和桌脚的形状、医生电脑笔记本上缺失的一小块颜色……

5 分钟后，我把自己观察到的东西讲给医生听。她说，希望我以后每天能做至少一次这样的练习，或者当自己感觉焦躁不安时，立即停下手头的事情，挑一个安静的地方，开始这项练习。摒除大脑里的一切，只看当下自己周围有什么。当你看到眼前的某件东西时，不需要做任何联想、发挥和评判，只要在心里或嘴里读出这件东西的名字，简单描述它就好。

医生说，她希望我能全心“接受”眼前的这个现实。这里的“接受”并不是说要顺从悲伤、绝望、欲望或者是疲惫的生活，而是一种释放和认可，当下此刻，无论它被标上了什么样的标签（好的或坏的，高兴的或不高兴的），我都只聚焦于它。

摒除内心的念头，是帮我们理清思绪、恢复平静的第一步，第二步就是拾起念头，问问它从哪里来？为什么有这样的想法？带给了我们什么行为后果？

我们的念头可以被看成是我们内心的耳语，它过于轻柔安静，经常会被我们忽略。但一旦你开始特别注意这些念头时，你就会发现，几乎在你做每一件事之前，从最细微的日常活动到你最狂暴的情绪爆发，其实都有意图在先。

医生让我完成的第二个练习，就是场景想象，确认情绪。

她知道那段时间我经常和老公吵架，于是让我想象一个场景。在家里、街上或者开车时，我和老公在为某件事交谈，双发各执一词，表达自己的看法，但没有带着攻击情绪。突然，他说了一句话："好，你说得对。"对此，我要怎么理解？并让我说出第一想法。

我告诉医生，我的第一想法是老公在敷衍我，想尽快结束这次谈话。

医生说："你说得也许对，但有没有可能是他真的认可你的说法？或者想结束这次交谈，让疲惫的你休息一下？或者他看出了你们即将发生的紧张气氛，想要以此来避免一场争吵？又或者，他想和你讨论一下他的问题，所以想要结束这次谈话？

"这个练习的目的，是为了让我们能更密切地注意到一个事件或事物会如何影响自己的心理，而你的心理又会如何解读这些事、会产生什么样的情绪，这种情绪又会引发怎样的态度和行为。如果你在一个场景或者一种语境下，不确定某件事、某个行为、某句话，首先要做的不是用消极的情绪去应对它们，而是去寻找确认，确认对方到底怎么想的，为什么会有那样的行为？这样的行为对你产生了什么影响？

"当我们身处逆境时，我们要先专注于当下，承认并接受它们的存在，然后通过询问自己的念头——尽量让那些正面的、积极的弹出来，用它们来指引自己的行为模式，以此扭转局面，化解痛苦带来的伤害。"

逆境管理总结

拿问题当借口的人，他们的思维通常是这样的："我有某个问题 / 我经历了某种遭遇，所以，我……"拿问题当机会的人，他们的想法截然不同："虽然我有某种问题 / 我经历了某种遭遇，但是，我……"

逆境管理两个原则：第一，扭转想法，向阳而生；第二，正念训练。

正念训练的两个步骤：第一，"隔绝"念头、专注当下；第二，询问念头，确认动机。

思考与练习

下面给大家介绍几个能让自己快速平静、聚焦的方法，下次心烦意乱时你可以使用。

1. 吃一些含蛋白质的东西，比如奶制品、鸡蛋、杏仁、豆奶等。蛋白质可以让大脑的前额叶更有效地运转，帮助我们更加专注。

2. 当你心烦意乱、胡思乱想时，要注意自己的每一次呼吸，默数每一次吸气和呼气，从 1 数到 25——也就是呼吸 25 次。最好每天都坚持练习至少 5 分钟，之后每天再尝试增加一些次数。这个方法能随时随地展开，只要你想平静、专注下来。

3. 当面临突然而来的恐惧、焦虑、无助等各种心理或生理上的痛苦时，你可以通过呼吸让自己平静下来，然后想一想那些你佩服的人、你的偶像，他们是如何渡过自己的难关的？在渡过难关之前，他们也会经历自己的恐惧、无助和焦虑。大家都是普通人，对自己宽容些。

第十章

时效管理：做时间和效果的智者

在前面几位主人公那里，我们学到不少有关时间管理的内容。但我把他们分成两类：一类是时间管理，比如法尔扎内会心安理得说“不”、老刘的时间统计大法、史蒂夫给自己设置的“死亡倒计时时钟”，这些更偏方法和技术，是时间管理“术”。

另一类时间管理更偏“道”，我把它们称之为效果管理。比如，布伦特不“盲目”追求忙碌，在忙碌到失控时懂得叫停，思考自己在哪里出了问题、对自己最重要的事情究竟是什么；史蒂夫不受诱惑、不接受泛泛之名，潜心自己的目标。时间管理的“道”不是技术方法，而是观念、原则、终极目标。这离不开那些让我们“头疼”却又重要的问题：你想成为什么样的人？过什么样的生活？

我认为，每个珍惜时间、热爱生命的人，要做的不是时间管理，而是时效管理。单纯追求时间管理，很有可能让我们陷入两个困境：第一，为了快而快，追求速度；第二，为了做更多而快，追求数量。当你完成待办清单上的 10 件事，那种充实感和成就感会比你只完成 5 件事要多。

但是你要知道，那种充实感和成就感可能是虚假的，那不是真正的时间管理，只是我们浪费生命的另一种形式。除非你所完成的都是你愿意做的且忠诚地服务于你制订的目标。

但我们很多人，根本没有“人生目标”。忠诚于自己并能够实现的人生目标是我们过好这一生的秘诀，是我们体现“这辈子值得”的最大效果。

当然，能够做好第一层的时间管理，完成自己的生活和工作任务，已经很了不起了。但我们不该止步于此，在做好时间管理的基础上，还要去做效果管理，检验我们所走的每一步是不是在为自己的目标服务。

“时间管理 + 效果管理 = 时效管理”，这才是我们应该追求的生命管理。

所以，我们还是分步骤来讨论如何实现时效管理吧。第一步，先从时间管理入手。市面上关于时间管理的书籍和课程数不胜数，我曾经撰文做过总结，市面上提供了那么多工具和方法，其实可以总结成四种方法。所有的时间管理方法几乎都是从这四种延伸而出。这里先做个简单的回顾。

GTD 时间管理法

这个概念源于戴维·艾伦的《搞定》这本经典书。根据书中概括，GTD（Getting Things Done）的主要原则是："把所有事情都从你的脑袋里弄出来。在事情出现而不是在事情爆发的时候，就做好相关行动的一系列决定。以合适的类别组织好你的项目的各种提醒以及下一步的行动。保持你的系统更新和完整，充分地检查，使你在任何时候都能信任你对你正在做（或者不做）的事情的直觉选择。"

和其他时间管理专家不同的是，艾伦并不把重点放在设置任务的优先级。他提出制定出在各种环境下的任务列表，例如，制定一个需要打电话的列表，或者在市区才能完成的事情的列表。而不需要建立任务列表的事情，比如两分钟内能够完成的，他建议应该马上做。

具体来说，GTD 这套方法执行起来有五个步骤。

步骤一：收集。

把任何你需要跟踪、记住，或者要做的事情全部记录到"收集箱"中：比如电子邮箱、笔记等。把你脑中所有东西都清理出来，放入你的收集设备中，准备进行下一步的处理。每天抽几十分钟收集一下脑中的信息，记录到你的收集设备中。

步骤二：处理。

将你收集到的任何信息进行处理。每个星期至少处理清空一次你的"收集箱"。处理你的"收集箱"要遵循 5 五项工作流程：

1. 从第一条信息开始处理；

2. 每次只处理一条信息；

3. 不把任何信息放回收集箱；

4. 如果有任何一项需要做，马上执行（如果花的时间少于 2 分钟）；

5. 委托别人完成或者将它延期（2 分钟内无法完成的），否则将它存档以便查询，或者为它定义合适的目标与情境，以便下一步执行。

步骤三：组织。

GTD 描述了一个建议的列表集合，你可以用来跟踪需要关注的事件，具体来说“列表集合”可分为 4 类：

1. 下一步行动：对于每个需要你关注的事项，明确你可以实际采取的下一步行动。

2. 项目：每个需要多于一个实际的行动才能达到目的的事就是一个“项目”；使用跟踪以及周期性的回顾来确保每个项目都有一个下一步的行动进行下去。

3. 等待：当你已经指派了一个事项给其他人或者在项目进行下去之前需要等待外部的事件时，就应当在你的系统当中，跟踪以及定期检查是可以采取行动或者需要发出提醒。

4. 将来 / 可能：这些事情你需要在某个点去做，但不是马上，如“学习 C 语言”或者“准备一个假期计划”。

GTD 中另外一个关键组织模块是归档系统，一个简单易用的归档系统。通过归档系统，你可以迅速把文件归档和提取你所想要的信息，我的建议是建立一个按照字母顺序组织的归档系统。

步骤四：执行。

前面三步都是为了在你做事情的时候，让它变得简单、容易、有趣，这样可以缓解你的拖延，或者不被太多的琐事所分心。

步骤五：回顾。

如果你没有及时整理和回顾每天的信息和行动，那么整个 GTD 系统就是毫无用处的。通过回顾、制订计划或者了解项目进度，从而使自己总是走在时间的前面，而不是被动地被安排。回顾至少以星期为周期。

要事优先时间管理法

要事优先时间管理法也被称为第四代时间管理法，是由经典书籍《高效能人士的七个习惯》的作者史蒂芬·柯维和另外两位作者提出的。

第四代时间管理是以周为单位的，具体分为六步。

步骤一：思考自己的构想和使命。

可参考的清单：

1. 列出 3~4 项你认为是你生活中的重要事务；

2. 考虑你可能认可的长期目标；

3. 想想自己生活中最重要的人际关系；

4. 思量你想做出的贡献。

步骤二：确认自己的角色、个人发展。比如，丈夫 / 父亲、职业等。

步骤三：为每个角色选择第二象限目标，即《高效能人士的七个习惯》中提到的“不紧急但是重要”的事，每个角色围绕身体层面、精神层面、智力层面、和社会层面来确定目标。可参考的清单：

1. 我能做哪些最重要的事情以产生最大的积极效果？

2. 如果我在下一周达到了这些目标，那会怎样？

3. 如果我只完成了其中一部分，又会怎样？

4. 那会在我的生活中产生正面效果吗？

5. 如果我每周都这样，又会怎样？

6. 那样，我会比现在更有效吗？

步骤四：每周围绕第二象限目标安排其他活动，把它们设为当日要务。

步骤五：每天开始前，贯彻诚信原则。

步骤六：每周进行评估。

可参考的清单：

1. 我实现了哪些目标？

2. 什么因素让我得以实现目标？

3. 我遇到了什么挑战？

4. 我是怎样战胜这些挑战的？

5. 我从本周学到了什么经验？

番茄工作法

番茄工作法是 20 世纪 80 年代由意大利人弗朗西斯科·西里洛发明的。该方法使用一个定时器来分割出一个一般为 25 分钟的工作时间和 5 分钟的休息时间，而那些时间段被称为 pomodori，这是意大利语单词 pomodoro（番茄）之复数。

番茄工作法有四个基本步骤。

步骤一：决定待完成的任务。

步骤二：设定番茄工作法定时器至 n 分钟（通常为 25 分钟）。

步骤三：持续工作直至定时器提示，记下一个 x。

步骤四：短暂休息 3~5 分钟。

注意，每 4 个 x 后休息 15~30 分钟。

番茄工作法的关键是规划、追踪、记录、处理以及可视化。这一时间管理方法的本质目的是减少内在和外在的干扰。一个单位的番茄工作时不可再细分，当在番茄工作时中被打断的情况下，只可能有两种情况：干扰的活动被推迟，或者当前的番茄工作时废弃，必须重新开始。

莫法特休息法

《圣经·新约》的翻译者詹姆斯·莫法特的书房里有三张桌子：第一张摆着他正在翻译的《圣经·新约》译稿，第二张摆的是他的一篇论文的原稿，第三张摆的是他正在写的一篇侦探小说。

莫法特的休息方法就是从一张书桌搬到另一张书桌，继续工作。莫法特的休息法虽名为“休息”，实则借鉴了农业上常用的“间作套种”种田的方法，这是一种不停更换工作内容以达到耗时、耗力最小的时间管理方法。人们在实践中发现，连续几季都种相同的作物，土壤的肥力就会下降很多，因为同一种作物吸收的是同一类养分，长此以往，土地就会枯竭。

人的脑力和体力也是这样，如果长时间持续同一项工作内容，就会产生疲劳，使活动能力下降。如果这时改变工作内容，就会产生新的优势“兴奋灶”，而原来的“兴奋灶”则得到抑制，这样人的脑力和体力就可以得到有效的调剂和放松。

比如读书时，看一本书被一个问题卡壳，不如换一个章节或换本书再看；写材料时，写一篇材料时觉得累了，不如换另一篇材料继续写，过一段时间再回过头来写一开始的材料；工作时，本职工作做累了，不如切换到私人工作上，比如写博客、复习单词或看一些感兴趣的书。

上述这四种时间管理方法各有利弊，比如使用 GTD 在刚开始时有点繁琐；“要事第一”又很难让人静下心来去思考什么是真正“不紧急但重要的事”；现实中不是所有事情都能刚好用 25 分钟去划分的（比如开一个漫长的会议、做报告等）；莫法特休息法看上去似乎是要把我们的脑细胞“榨干”才肯罢休。

没有一种方法是完美的，但你可以选择出可以让自己相对得心应手的那一个，然后坚持执行下去，就已经比不管理时间的大多数人赚到了。

不过，关于时间管理，如果你只想着管理好时间就输了。因为管理的本质不是为了让自己更忙、做更多事，或者用忙碌麻痹自己真空的人生目标。真正的时间管理应该能够上升到效果管理，让我们去反思如何更有意义地度过生命和人生。

关于这一点，卡耐基梅隆大学的教授兰迪·弗雷德里克·波许做出了非常好的解读。

兰迪·波许教授是美国卡耐基梅隆大学的计算机科学、人机交互及设计教授，从 1997 年起，他就在卡耐基梅隆大学担任电脑科学系讲师。他也是虚拟科技的先锋，并且还撰写了世界百科全书的“虚拟科技”条目。后来，他和同事创建了卡耐基梅隆大学娱乐技术中心（Entertainment Technology Center），并担任中心主任一职。2006年，他被诊断患有胰腺癌。尽管进行了手术和化疗，他还是被告知，至多可以再活3~6个月（后来他比医生所预测的多活了5个月）。到2008年7月，他在维吉尼亚州的家中因胰腺癌并发症而逝世，终年47岁。

如果仅从上述文字介绍里，我们可能并不明白兰迪·波许教授为什么值得书写。他最多算是一位在所在领域有所建树的学者，命运不好，英年早逝。这样的学者世界上有太多。让兰迪·波许教授享誉全美，甚至影响世界无数人的是，他在去世一年前做的一场讲座——“最后一课（Last Lecture）”。

美国很多高校在资深教授退休前都会为他们安排讲授一堂面向全校学生的“最后一课”，表达学校师生对其的崇敬和感激，让教授为自己的教学生涯划上一个完美的句号。卡耐基梅隆大学也有这个传统，并将其主题命名为“旅程（Journey）”，希望演讲者能和听众一起分享自己的个人或学术旅程。兰迪·波许教授虽然还没有准备退休，但是鉴于他的病情，他也受邀参加了2007年的讲座。这场面向卡耐基梅隆内部师生的讲座被上传到视频网站上，一个月内点击超过100万次。直到今天，该视频累计播放已超2000万。每隔几年或者遭遇不顺、需要给自己打打气时，我就会找出这场一个多小时的讲座，耐心地看完，其治愈效果很好。

这是一场很棒的讲座，不仅因为它风趣、幽默（是的，将死之人的兰迪·波许并没有把它做成一场悲情、伤感的讲座）；不仅因为它有很多发人深省的金句，比如：“你必须替整个环境增加价值，才会更受欢迎。”“经验是你无法获得想要之物时才会学到的。”“阻碍你的障碍必有其原因，这道墙并不是为了阻止我们，这道墙让我们有机会展现自己多想实现这个目标，这道墙是为了阻止那些不够渴望、不够热爱的人。”“如果你在生某人的气，你只不过是没给够他们足够的时间而已。”“这才是教育给你的最好礼物，让你学会反省。”……

最主要的是，兰迪·波许教授用自己短暂却富有成效的一生来告诉大家，什么才是最好的时效管理。

兰迪·波许教授的这场讲座里有很大一部分是在讲他的童年有什么梦想，分别是怎么实现的，其中有两个故事让我记忆犹新。

他的第一个儿时理想是想体验零重力，最终他实现了这个梦想，但过程颇为艰辛。

首先，他得知美国航天局有一种用来训练宇航员的飞机，每次飞行可以体验 25 秒零重力。航天局有一个项目让大学生可以通过提出研究建议进行比赛，如果他们赢了，他们就能上去试飞，体验 25 秒的零重力。波许教授赶紧组建了一个团队并赢了竞赛，获准试飞。

但碰到了麻烦，航天局明文规定，老师不能参加试飞。不过为了推广项目，运行可以带一名媒体记者。于是，兰迪·波许教授给航天局传真了两个声明，一个是辞去学生团队的顾问（也就是不是团队的老师），二是自己拥有网络媒体记者证（网络媒体记者证在美国容易获得）。虽然航天局的接待员觉得波许教授在钻空子，但是当兰迪·波许说他们是虚拟现实项目，到时候会将虚拟现实头盔和零重力体验相结合，更有宣传力。航天局还是默许了让他参加。

兰迪·波许的第二个儿时理想是参加全美橄榄球联盟。但最终他没达成目标，不过在追逐的路上收获很多。

他在9岁参加球队，第一次训练时，教练没有带球过来，而是先让队员们学基本功。教练说，比赛时，球场上有22个球员，只有一个能拿到球，那我们要先学习另外21个人做的事。这件事让兰迪·波许教授明白基础的重要性。“基本功，基本功，基本功。你必须把基础打好，要不然就玩不转那些花哨的东西。”

他在训练中遇到的另一件事，是一个教练盯着他不依不饶地纠正动作，训练得非常辛苦。后来助教向兰迪·波许教授解释：当你搞砸了，但没有人对你说任何东西，这意味着他们放弃了。这是让他终生铭记的一堂课。就是当你看到自己把事情搞糟而没人劳神告诉你，这处境就很不妙。批评你的人是告诉你，他们仍然爱你和关心你。

有意义的一生，不是自己所有的理想都能实现。能够得偿所愿当然完美，但当你认真计划、制订了目标，在实现的过程中历尽艰辛，最后“战败”，却意外发现命运对你有额外馈赠的礼物，它们同样价值连城。

简单来说，富有成效的时效管理就是：

首先，你要有目标、有理想；

其次，你要努力去实现，不断失败、不断尝试，这个过程必然充满艰难和痛苦，但这些艰难和痛苦能验证你是否真的想要去实现这个目标；

最后，总有一些事情是我们拼尽全力也无法实现的，那是残忍的“梦醒时分”，但这并不代表我们失败，就像兰迪·波许教授投身橄榄球训练，但终究未能成为专业橄榄球运动员一样。在追逐的过程中有很多“隐藏的真相”，它们也会让自己受益无穷。你要认清这一点。

我为什么要进行时间管理？我为什么要做这件事？我为什么能达到这个目标？我要怎么样才能达到这个目标？我最想做的事情是什么？想清楚这些问题，才是时效管理起作用的关键，这也是兰迪·波许的“最后一课”带给我们的价值。

时效管理总结

“时效管理 = 时间管理 + 效果管理”。

时效管理的两个阶段：

第一阶段：时间管理——技术、方法、术。

四种常见的时间管理方法：GTD、要事优先、番茄工作法、莫法特休息法。

第二阶段：效果管理——观念、原则、道。

◎建立目标和理想；

◎排除万难逐梦——实现；

◎梦醒时分——逐梦失败，但发现“隐藏的真相”。

思考与练习

1. 选一种适合自己的时间管理方法，坚持做下去，看有什么变化?

2. 现在开始认真思考那些令我们一直头疼的大问题吧！你最想做的是什么？想成为什么样的人？过什么样的生活？如何实现？越具体越好。

第十一章

思维管理：让思维学会变轨，到达你想去的目的地

你观察过铁路站场么？一条条轨道在这里汇聚、交叉又分开，一列列火车在这里实现变轨，去到它们应该到达的目的地。我们的思维应该和铁路站场一样，不是只有前进、后退、左转、右行这些“直来直往”的方式。思维也应该学会变轨，让我们能去到自己想去的地方。

在之前的几位主人公那里，我们都能看到他们的思维变轨。当这个社会的多数人都追求眼前的利益时，克莱尔斯懂得从长计议，去实现自己的理想；当这个社会人人都想钻进更好的环境里，宁可做“凤尾”时，科恩愿意做小池塘里的大青蛙，去获得更多的支持；在商家鼓吹的消费主义至上年代，科恩愿意自己动手修补一切能修补的东西，进而把这种动手能力转变成修补思维，让自己的生命力更强大；还有，在强调更高统一性和专业性的社会中，史蒂夫愿意尝试把不同背景的人融合在一个队伍里，让意想不到的组合产生意想不到的效果。

他们做事的方法或许不同，但无疑都没有顺从大众的、传统的方式，而是让自己的思维变轨，最终实现自己的目标。

在实现目标这件事上，我们每个人都想抓到一副好牌，然后把牌打好。但事实是，能否抓到一手好牌不是我们能决定的，但能否把它打好是我们可以决定的。

当你没能抓到一手好牌——就像克莱尔斯从小患病、史蒂夫为欠发达国家服务，注定资源不充分——却想把它打好，怎么办？从之前几位主人公身上我总结出一套解决方法：

1. 换个角度看自己的牌——第三思维；

2. 尝试在有限的资源（牌不好）下打好自己手中的牌——充分利用资源。

“第三思维”这个提法源自美国著名管理学大师史蒂芬·柯维生前最后一本著作《第三选择》。

什么是“第三选择”？从原始社会开始，我们的祖先就习惯了用原始脑的快速反应来解决各方的挑战：不是“打”就是“跑”。这一习惯延续到今日仍是我们大部分人面对问题的基本解决方式：不是“我的”就是“你的”、不是“好人”就是“坏人”。我们的人生中充斥着大量的选择难题，比如你想看电视（玩游戏）就不能学习；你想在事业上取得进展，就要放弃一部分家庭责任；你想讨好他人，就要违背一些原则……

我们大多数人一直在用这种思维定式处理着自己在生活和工作上的方方面面。史蒂芬·柯维提出的“第三选择”是相对于两难选择来说，正是在这种非此即彼的定式上另辟蹊径，找到“既是你的也是我的”的方法，从而化解矛盾、释放压力。

如何达成“第三选择”？史蒂芬·柯维提出了一个关键词：协同。没错，就是我们非常熟悉的协同。在书中他认为完成一次好的协同需要四步。

第一步：我看到自己。

这里的“看到”不是指你知道自己的职业、年龄、生活状态等“表层”，而是“你能够明白自己的意识是如何支配行动的”“你做出的行动会导致什么结果”这些更深层次的东西。比如，让你在工作上那么拼的真正原因是什么？你为什么很难与他人建立亲密关系？一旦你能“真正”地看到自己，那么你身上的压力，别人对你的期望，以及做事的真正动机就会一目了然。

第二步：我看到你。

第二步就是按照审视自己的模式将他人看清，不仅要看到对方的年龄、性别、职业，还要将对方作为一个特殊的个体所具备的特性、能力与天赋尽全力地了解清楚。而“彼此尊敬”是达成协同的首要前提。

第三步：我找到你。

这一步要求我们勇于找到冲突点，而不是采取原始社会惯有的回避或自卫。

第四步：你我共同协同。

具体如何操作呢？简单来说，是通过以下四个阶段来实现。

1. 询问——一定有比我们现在的观点更好的想法，它是什么？

2. 界定成功的标准——把双方各自的标准（要求）都列出来。

3. 创造第三选择——找到尽量多的答案选项，然后选择所有人都认可的那一个。

4. 达成协同——当所有人对原有的争执与设想都不再感兴趣时，我们就知道我们已经找到了第三选择了。

其实史蒂芬·柯维的“第三选择”、协同不是什么新鲜概念，他的本意是在寻找共赢。但“第三选择”其实是一种思维方式——第三思维。在我几位主人公身上，我看到了这种强烈的、不走寻常路的“第三思维”。

他们不是在用非此即彼的零和博弈思维去考虑问题，而是当问题发生时，他们会换个角度看自己手中的牌：既然我无法改变这手不怎么样的牌，也不能重新洗牌再来一次，那我还能怎么办？

在换个角度看清自己的一手烂牌后，这些人无疑选择了充分利用现有资源这种方式去扭转局面。

现在假设正在读这本书的你是一个项目的负责人，你所带领的团队需要在 3 天后完成项目、向客户汇报。但现在你发现，因为各种原因，团队很难在 3 天内完成项目。作为负责人，你会怎么办？增加人手？找专业性更强的人来“以一当十”？向客户请求宽限几天时间？

无论选择哪种方法，它们的共性是要得更多：更多的人、更强的人、更多的时间。我们总想要更多的资源，因为在我们的观念里总有一种“多多益善”的想法在作祟。

学校要增加教学成果，就要雇更多的老师、购买更先进的电子教学设备；想要一项产品卖得好，就要大幅度增加营销投入；想要让恋人更爱你，就要给对方买更昂贵的礼物；想要让孩子成绩好，就要增加学习时间、做更多的试卷、上更多的辅导班……

人类喜欢存储、囤积、追求多多益善，似乎是与生俱来的。芝加哥大学商学院教授克里斯托弗·希尔和他的同事曾做过一项研究，其目的就是为了弄清楚人是否会宁愿牺牲幸福，也要获取超出自己所需的资源。

他们让被试者听音乐，在此过程中被试者可以获得一小块巧克力作为奖励，前提是他们得按一下按钮。按按钮的时候，他们听不到舒缓的音乐，而是会听到锯子伐木的噪声。研究者随机选择部分被试者，将其设定为“高收入者”和“低收入者”，实验规定高收入者按 20 次按钮就可以获得一条巧克力，低收入者需要按 120 次才能获得一条巧克力。

同时，他们被告知，如果不能当场吃掉巧克力，是不能带走的。两组被试者获得的巧克力有显著差别：高收入者平均每人获得 10.7 条巧克力，低收入者每人仅获得 2.5 条巧克力；高收入者平均每人吃了 4.3 条，低收入者平均每人吃了 1.7 条。

两组被试者都获得了最终超出他们享用量的巧克力，且高收入者多获取的巧克力明显更多。这一结果表明，高收入者关注的是尽可能积累更多的巧克力，而不去考虑自己是否愿意吃下所有的巧克力，或者是否能吃完这些巧克力。

我们不停地追求更多的资源，但我们从来都没有停下来认真问自己一句：越多真的越好么？

在经济学里，有一个著名的曲线叫“倒 U 曲线”（图 1）。这是美国著名经济学家西蒙·史密斯·库兹涅茨在 1955 年所提出来的收入分配状况随经济发展过程而变化的曲线，是发展经济学中重要的概念，又称作“库兹涅茨曲线”。

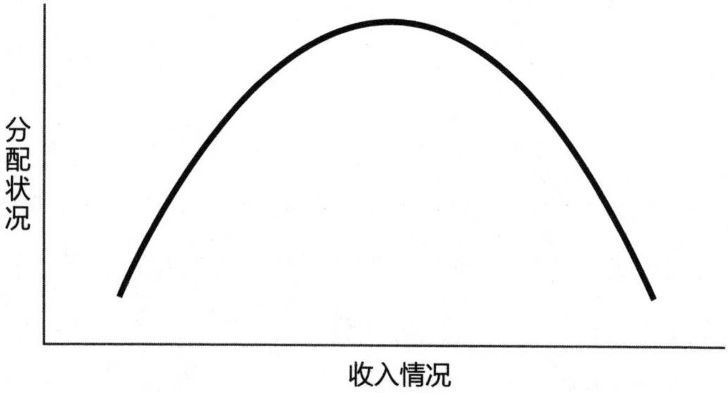

图 1　倒 U 曲线

倒 U 曲线表明：在经济发展过程开始的时候，尤其是在国民人均收入从最低水平上升到中等水平时，收入分配状况先趋于恶化，继而随着经济发展，逐步改善，最后达到比较公平的收入分配状况，呈颠倒过来的 U 形。Y 轴表示是基尼系数或分配状况，

X 轴是时间或收入状况。

倒U曲线在很多领域都适用，它包括三个部分，每个部分都有特定的逻辑：左半部分表明做得更多或者拥有更多的财富会让事情变得更好；平坦的中间部分则表示做得多并不能改变什么；右半部分表示做得更多或者拥有更多的财富会让事情变得更糟。

当我们把“财富”换成“资源”“时间”等概念时也是一样的。你让孩子在学习上花更多时间、报更多辅导班未必能提高成绩；增加广告营销未必就能让产品畅销。所以，我们要做的不是寻找更多资源，而是要充分利用已有的资源。

美国莱斯大学管理学教授斯科特·索南沙因，在自己的著作《延展：释放有限资源的无限潜能》里提到这种心理：“不停寻找更多资源给我们一种安心感。似乎我们拥有得越多，就能做越多的事，就能有更好的感觉。虽然这种想法很诱人，但事实是，它往往无法带给我们最好的结果，因为它诱使我们去追逐我们根本不需要的资源，而忽视了自己手中已有资源的潜力。”

克莱尔斯、科恩、史蒂夫他们不是疯狂寻找资源的这类人，相反，他们特别擅长如何用好自己手里的资源。关于充分利用资源，科恩有一个很有趣的故事。

有一年，科恩去芝加哥参加学术会议。在会议上，他有自己的学术成果海报要展示，场地和展示架都是提前和主办方预定好的，展示者到达现场后直接挂好海报就可以开始了。不凑巧的是，科恩拿到的那个展示架质量不佳，第一天展示到一半时，其中一个固定的螺丝找不到了，导致右边的架子几乎散掉。现场有上千份海报在展示，而自己的展示位又需要当事人在场，因为不断会有同行、教授、公司的人过来询问。但你又不可能让架子散着，挂不住海报。

科恩没有中止展示，也没有去抱怨主办方，而是从书包里找出自己装早饭的硬纸盒子，拿出卷海报的几根皮筋，又向问讯台借了订书机，把纸盒撕一撕、卷一卷，最后用橡皮筋和订书机订好纸盒，把海报架固定住，从而成功完成了第一天的展示。解决问题所用时间不超过 10 分钟。

擅长充分利用资源的人，一方面明白多多未必益善和少既是多的道理，从而能够克制自己不断追求资源的冲动；另一方面，像科恩一样，他们看待资源、工具的视角更宽。在他们眼里，钉子未必只能用来固定东西，砖除了用来建筑，还可以当武器、坐凳。简而言之，他们功能固着的症状不严重。

“功能固着”是一种心理学现象，确切说是一种心理阻塞。它可以通过抑制以前同其他一些用途相联系的物体的新功能的知觉，对问题解决产生不利的影响。正是这种心理使我们无法看到资源的更多用处。结果就是，我们会想办法获取尽可能多的资源以应对挑战或者抓住机遇，而正是这种做法分散了我们的注意力，使我们无法集中精力把事情做好。

我曾问过科恩，如何能像他一样把每件东西都“变废为宝”。科恩半开玩笑半认真地告诉我：“找一个科研经费不充足的导师，你就能被锻炼出来了。”

科恩在两个项目组里做博士，其中一个项目组的导师比较穷，有几年没有申请到科研经费了，对一个研究工程学的人来说，这意味着你必须把一分钱当成两分钱来使用，必须把一项工具发展出好几项功能来。比如，在富裕的实验组，装电脑的纸箱子可以被收走，在科恩那个组，纸箱子可以改造成储物箱、小零件分隔箱；在富裕的实验组，一大捆的电线可以被堆砌在角落吃灰，在科恩那个组，一根半米长的电线也可以被用来当绳子，捆住实验台和地上四散的线路。

经费紧张让他们懂得了如何有意义地节俭，而这种节俭歪打正着让科恩他们的实验室异常整齐，并且连续两年被评为“绿色实验组”；除此之外，还练就了科恩的“火眼金睛”，任何垃圾废品在他眼里都能有妙用。

虽然科恩的“变废为宝”的智慧不全然来自于此，但也的确受其影响。充分利用资源的人都有一种节俭心理：有意义的节俭 = 充分利用资源。

正如斯科特·索南沙因教授说的，他在最为节俭的那群人中发现了三条共同规律：第一，节俭的人更注重长期目标而非短期享乐；第二，节俭的人会重复利用自己拥有的东西，而不是买更多的东西；第三，节俭的人不大受传统惯例的制约，这让他们不太容易陷入社会比较的陷阱，他们不会为自己没有的东西而烦恼，而是会利用自己现有的东西另辟蹊径。

毋庸置疑，拥有资源是十分重要的，但“拥有”不代表宁多勿少。一台高效的电脑运行算法时，当然比人工纸笔计算更高效、精准。但如果你只需要一台电脑，有必要需要第二台么？有必要需要最好品牌的么？

我们太容易高估资源的重要性，低估充分利用已有资源的能力，从而忽视了那些真正重要的东西。

比如，在读书这件事上，我们总认为跟从名师、业界大牛、院士才是最好的选择，寄希望于他们能将终其一生所学之长倾囊相授，或者在未来的人生道路上能够有所助推；殊不知，他们未必有时间教导你，也未必有意愿要帮你（毕竟找他们帮忙的人太多了）。

比如，在结婚这件事上，我们总认为一定要找有车有房的人才能嫁，认为房子、车子才是保障爱情和婚姻的城池，却不曾想，有了房子和车子，但没有感情的婚姻，才是风雨飘摇。

再比如，在求职这件事上，我们总认为要去那些硬件最好的公司上班，他们不仅有诱人的员工福利，还有酷炫的办公环境、自由的工作氛围。可是，我们没有想过，如果一家企业挺“抠门”，但它能够教会员工用很少的资源做出更多的成果，而且也留出了充足的资金用于投资企业项目、发展并壮大公司，从而能够更好地犒赏员工，这不是更棒么？这比办公环境里的跑步机、咖啡吧台更有意义吧。

是时候把目光从仰望中收回，低头认真看看我们手中已有的东西，用好它们才是自己最宝贵的财富和能力。用好手中的资源，我们需要问自己两个问题：这个资源还可以再细分吗？细分的部分分别有什么用途？当我们把资源分解成小得不能再小的部分，才能找到许多隐藏用途。

我非常认同斯科特·索南沙因教授对待资源的正确态度：资源并不来自我们的身体之外，它并不是我们可以一伸手就能拿到的东西，而是需要我们自己创造并塑形的东西。

思维管理总结

◎换个角度看自己的牌——第三思维。

不是用非此即彼的零和博弈思维去考虑问题，而是当问题发生时，能够换个角度看自己手中的牌：既然我无法改变这手不怎么样的牌，也不能重新洗牌再来一次，那我还能怎么办？

◎尝试在有限的资源下打好自己手中的牌——充分利用资源。

用好手中的资源，我们需要问自己两个问题：这个资源还可以再细分吗？细分的部分分别有什么用途？

思考与练习

以下是两个最常见的创造力练习，它们是为了帮你破除功能固着心理，让你在转变看法、充分利用手中资源这件事上迈开第一步。挑战看看吧。

练习一：物品的非传统用途

1967 年由乔伊·保罗·吉尔福特发明的“不同用途测试”：给你两分钟时间，想出尽可能多的类似椅子、咖啡杯或者砖头等常见物品的不同用法。比如“曲别针”的用途有：把纸夹在一起；当袖扣；当耳环；可以折成迷你长号模型；用来捅路由器重置键的东西；夹住耳塞线使之不会缠起来；做书签……

这个测试可以从几个方面考察你思维的广度：

◎流畅度：你能想出多少种用法。

◎原创性：你能想出多么异乎寻常的用法（比如“重启路由器”就比“把纸夹在一起”更不寻常）。

◎灵活性：你的答案涉及多少领域（袖扣和耳环都是饰品，他们属于同一领域）。

◎详细程度：你的回答有多少细节（“避免耳机线纠缠起来”比“书签”有更多细节描述）。

试试看，你能想出一把勺子有多少种用途吗？两分钟时间，开始！

练习二：蜡烛问题

蜡烛问题是一个经典测试，在1945年由心理学家卡尔·登克发明。实验对象会领到一根蜡烛、一盒图钉、一盒火柴，要解决的问题是：把点着的蜡烛固定到墙上，并且蜡不会滴到下面的桌子上。你要怎么做？

这项测试挑战你的思维定式和认知偏见，它们让你无法以非正常的方式使用熟悉的物品。这个测试最近被用来证明生活在国外可以让你更有创造力。

第十二章

习惯管理：找到核心习惯，让其成为自己的天性

菲尔喜欢整理和列清单，整理能让他心情愉悦、理清思路、做事高效，列清单让他不会丢三落四和遗忘，并能分清事情的轻重缓急。老刘喜欢凡事都有个备选，这让他内心感到安全，遇到意料之外的情况也能从容应对。凯文需要有一个属于自己的思考“仪式”，这让他大脑数十年来维持高效运作，即便高龄也能持续输出生产力、创造价值。

在他们身上，我们能看到一套“专属”的行为模式——习惯，这些一个或几个行为模式对他们人生的方方面面产生积极影响。西方有一句谚语是“一盎司（约 30 克）的好习惯抵得上一磅（约 450 克）智慧”。这一章，我们来聊聊习惯管理。

习惯是什么？根据《美国心理学期刊》的定义：“以心理学的观点来看，习惯是在某种程度上固定的思考方式、意志或者感觉方式，是由以往重复的心智体验而获得的。”习惯往往是在未经意识的情况下出现的，能让人的大脑依赖它们，同时将逻辑、情感等其他一切因素排除在外。所以说，习惯的力量非常强大。

但对我们的大脑来说，习惯只是在一定时期内重复进行某项行动而已，它无法辨识习惯的好坏。所以，无论好习惯或坏习惯，大脑都会让身体记住这项行动。如果大脑能自动识别并摈弃坏习惯，只保留好习惯，那“习惯”就成为一个完美的程序，可以让我们人类强大无比。

正因为习惯的力量异常强大，而大脑尚处于“初级”阶段，没有分辨和摈弃坏习惯的能力，所以，想要培养好习惯，我们先得努力分辨、剔除坏习惯。这是培养好习惯的第一步。

自检不良习惯

什么叫坏习惯（不良习惯）？不良习惯是负面的行为模式，通常对我们的身心健康、职业和生活产生危害。有些不良习惯显而易见，比如抽烟；但有一些难以直下判断，需要掌控好一个“度”，比如，饮酒这件事，小酌怡情，但超过一定的度，就会伤身，甚至上瘾酗酒，成为坏习惯。总体来说，如果你的习惯符合以下“标准”的一条或几条，就可以定义为坏习惯。

◎它们是重复的负面行为模式。

◎社会对它们持模糊、不确定的态度。

◎它们会破坏好的习俗、法律或道德准则。

◎它们会令旁人反感。

◎它们会对自己的健康、生活等各方面产生负面影响。

◎它们会影响自己和他人取得进步、变得更好。

史蒂芬·史考特是习惯管理类书籍的畅销作者，也是一位帮助他人培养习惯的顾问和教练。他曾在自己创建的网站 Develop Good Habits 上总结了常见的 283 项坏习惯。受他启发和思考，我借鉴、总结了生活、工作、社交和个人等 9 类共 123 个不良习惯，欢迎大家“对号入座”自检。

第一类：冒犯他人的 11 个不良习惯

1. 迟到 5 分钟以上。

2. 挖鼻孔。

3. 对情感的过度公开展示。

4. 在公共场合清理牙齿，比如剔牙等。

5. 喜欢卖弄口才，不好好说话。

6. 与人在一起时，经常查看手机、平板电脑。

7. 吃东西喜欢“吧唧嘴”。

8. 与人聚会经常不买单。

9. 在公共场所乱吐口香糖。

10. 看电影时交谈。

11. 在公共场所触摸身体的私密部分。

第二类：浪费时间的 11 个不良习惯

1. 社交软件成瘾。

2. 在高峰期办紧急事务。

3. 长时间无目的性上网。

4. 常在网上发起争论，攻击别人。

5. 长时间看真人秀、电视剧。

6. 无目的性的逛街消磨时间，而不是出于任何特定需要。

7. 长时间打游戏。

8. 纯粹只是为了完成而去完成某件事，没有任何意义和目的。

9. 长时间看娱乐性短视频。

10. 为某件尚未发生的事担心，而做不了任何正事。

11. 试图改变别人的意见。

第三类：影响健康的 19 个不良习惯

1. 睡眠不足。

2. 晚上 8 点以后吃东西。

3. 就诊时不告诉医生真相。

4. 暴饮暴食。

5. 不做防晒。

6. 吃太多肉类食品。

7. 坐立、行走、睡觉等姿势不良。

8. 过度吸烟。

9. 花太多时间在电子屏幕上。

10. 不能及时、正确处理自己的压力。

11. 不预防保健、不按时体检。

12. 每日没有喝足够的水。

13. 不拿自己的健康当回事。

14. 分心驾驶。

15. 环境或皮肤干燥时不保湿。

16. 总是沉醉于过去发生的事。

17. 长时间戴耳机。

18. 不穿合脚舒服的鞋子。

19. 长时间穿高跟鞋。

第四类：与饮食和营养有关的 15 个不良习惯

1. 饭量过多。

2. 一日三餐不好好吃。

3. 摄盐过多。

4. 喝过多苏打水。

5. 喝所谓的减肥 / 无糖苏打水。

6. 吃得过快。

7. 摄糖过多。

8. 喝过多咖啡。

9. 不吃早餐。

10. 吃过多巧克力。

12. 经常饮用功能饮料。

13. 吃太多快餐、外卖。

14. 吃太多零食。

15. 吃太多精加工食品。

第五类：导致低效的 19 个不良习惯

1. 拖延。

2. 多任务处理。

3. 不消除干扰。

4. 不考虑全局。

5. 做一个完美主义者。

6. 没有形成好的工作习惯。

7. 凡事总凭一己之力，不懂得请人“帮忙”。

8. 给自己过多信息。

9. 工作清单排太满。

10. 不懂得拒绝。

11. 做“白日梦”。

12. 不自动执行周期性事务，比如缴纳水电燃气费用、信用卡还款。

13. 优柔寡断。

14. 给自己找借口，等“正确”的时间开工。

15. 花太多时间订计划却迟迟不执行。

16. 沉溺于工作，不懂得休息。

17. 习惯性检查工作邮件、工作群。

18. 拒绝学习新技能。

19. 下班后立刻开始看电视。

第六类：影响财务状况的 12 个不良习惯

1. 冲动或跟风购物。

2. 不考虑自己的债务情况。

3. 总是只还最低信用额度。

4. 购买彩票。

5. 不遵守预算。

6. 每天购买咖啡和小吃，经常在外吃饭。

7. 不使用优惠券。

8. 办健身房、美容美发等各种昂贵的会员卡，却很少使用。

9. 不在促销日购买节日物品和礼物。

10. 赌博。

11. 不为养老金储蓄。

12. 为娱乐、享受项目支付过多。

第七类：增加生活成本的 9 个不良习惯

1. 没想好拿什么就打开冰箱。

2. 没有使用节能灯。

3. 离开房间时不关灯。

4. 经常泡澡而不是洗淋浴。

5. 即使手机充满电，也要保持手机电源接通。

6. 夏天的空调温度设置过低、冬天的空调温度设置过高。

7. 没有攒满足够量的脏衣服，就用洗衣机洗衣服。

8. 离开家时不关闭空调、电视等设备。

9. 打开电视入睡。

第八类：对社交互动产生负面影响的 12 个不良习惯

1. 总是自言自语。

2. 咬指甲。

3. 无意识的抖动脚、用手指敲击桌面。

4. 喜欢把手掰得“嘎嘎”作响。

5. 舔或咬嘴唇。

6. 习惯性为自己辩护。

8. 总是拨弄头发。

9. 不经大脑地乱说话。

10. 手里总是摆弄钥匙等小物品。

11. 公共场所大声打嗝。

12. 随地吐痰。

第九类：常见的15个个人不良习惯

1. 深夜使用噪音大的设备，比如音响、吸尘器。

2. 熬夜、晚睡。

3. 在网络上花费太多时间。

4. 乱放钥匙和钱包。

5. 经常观看色情片。

6. 乱扔垃圾。

7. 总是出尔反尔。

8. 不归还借用的物品。

9. 利用别人的慷慨而占便宜。

10. 刻板印象。

11. 超速驾驶。

12. 担心但不采取行动。

13. 使用完公厕不清洁。

14. 满嘴食物却说话。

15. 不清洁电脑、手机屏幕。

培养习惯

想要戒掉这些坏习惯，培养一些好习惯，甚至把好习惯培养成自己的固定行为和思考模式，要怎么做呢？这就涉及培养好习惯的下一步：给习惯按难易属性分类，并估算需要多久能够培养成功。

市面上关于养成一个习惯所需的时间有各种说法，根据拉莉·菲利帕发表的论文《习惯是如何形成的：模拟现实世界中的习惯形成》（*How are habits formed: Modelling habit formation in the real world*）一文得出的结论，养成一个习惯平均需要 66 天，改变习惯所需的时间通常在 18~254 天之间不等。

日本习惯培养顾问公司董事长古川武士在《坚持，一种可以养成的习惯》这本书里，将习惯分成三种，比如写日记的习惯、减肥的习惯、正向思考的习惯。作者认为这三种习惯种类不同，是不太可能在相同的时间长度里培养出来的。

每一种习惯对大脑和身体所产生的抵抗强度，因为行为程度的变化、身体程度的变化、思考程度的变化而大有不同。若是行为变化程度很小，抵抗会较小。不过，如果身体觉得变化程度很大的话，伴随而来的就是较大的抵抗。培养新习惯也一样，会因为变化程度的不同，习惯化所需的时间也各有差异。

所以，首先就是识别你想要养成的习惯属于哪个类别？难度如何？根据古川武士的书籍把习惯分成以下三种。

第一种：行为习惯

行为习惯即每天规律的行为，例如，读书、写日记、整理、节约、记录家庭收支等。这些行为习惯根据工作或生活环境不同，比较具有弹性，所以对人类而言，培养行为习惯的难度不大，用时大约需要 1 个月。

第二种：身体习惯

身体习惯是与身体节奏相关的习惯，例如，减肥、运动、早起、戒烟、肌力训练等。相较于行为习惯，培养身体习惯带来的变化对人的影响较大，用时大约需要 3 个月。

第三种：思考习惯

这是与思考能力相关的习惯，例如，逻辑性思考能力、创意能力、正面思考以及舒缓压力等习惯。思考习惯与当事人的性格有关，所以对于变化所产生的抵抗也最强烈，用时大约需要6个月。

这个分类还是比较合理的。我在序言中提到自己开始运动的故事就可以佐证。当我办好健身卡，从“三天打鱼两天晒网”式去健身房到养成习惯每天到点必去健身房，一共花了近 3 个月的时间。

如果你有某项一直想要养成的好习惯，请先对照上面三个程度的分类，然后做好时长心理建设。

不过，我并不建议大家拼命养成所有好习惯，这样的人生未免太像苦行僧，过于辛苦和无趣。我们要找到属于自己的核心习惯，下功夫好好培养。

什么叫核心习惯？我的理解就是“牵一发而动全身”的那类习惯，改变它能影响自身整个系统的运转，使之朝良性方向发展。

“核心习惯”的概念最初是《纽约时报》商业调查记者、曾获得过美国国家科学院新闻报告奖、国家记者奖等诸多奖项的查尔斯·杜希格在其著作《习惯的力量》一书中提出的。查尔斯·杜希格认为，核心习惯是“人们在日常生活中引入的微小变化或习惯，无意间延续到生活的其他方面”。

无论是组织企业、还是个人，都有属于自己的核心习惯，一旦将其改变，就会自发地引起连锁反应，进而重塑生活和学习方式。也就是说，想要变得更好，其实我们往往只需要“一小步”，改变对自己影响最大的那个坏习惯，或者说，培养对自己最重要的那个好习惯。

我又得拿自己现身说法了。虽然我不认识现在正在读这本书的你，但我坚信我们有一个共同的习惯——睡觉前喜欢躺在床上刷手机。结果，你知道的，不知不觉几十分钟，甚至几小时就过去了。

我曾经就是这样的夜猫子，晚上明明可以睡觉，却习惯性抱着手机躺在床上。然后过了半夜12点，才惊觉要抓紧睡了，明早还得通勤一个多小时去上班。可是，刚刷完手机哪能说睡就睡着，翻来覆去，总要折腾半小时以上才能入睡。在第二天早上6点半的闹铃响了之后不起床，然后是10分钟、5分钟、3分钟、1分钟，N个闹铃响过后，实在拖不下去了，才匆忙起床洗漱。

运气好的时候，可以赶上地铁，提前10分钟到公司；运气不好时——比如早上如厕时间久、衣服搭配的不合适，或者地铁晚点，后果就是，我来不及吃早饭，下了地铁需要以百米冲刺的速度,跑到公司踩点打卡。

等我气喘吁吁地跑到公司，根本不可能瞬间开工，开机、泡咖啡、顺手收拾一下办公桌，10分钟过去了；喝了几口咖啡后好不容易开始进入工作状态，不到半小时，没来得及吃早饭的肚子不争气地饿了，一上午几乎没有工作效率可谈；如果再遇上开会、甲方打来不满意的电话，或者上司新派发的任务，整个人都是被抽干的感觉，心情差到极点。

早上耽误的工作只能下午补，下午没来得及完成的工作只能晚上加班补，一来二去就到晚上9点以后了；拖着疲惫的身躯回家，打开门，看到玄关因为早上急匆匆出门而被踢翻的鞋架、沙发上换下后没来得及收好的衣服、床上被揉成一团的被子；此时雪上加霜，发现临出门走得太急忘了关空调，人生陷入绝望一点都不夸张。

以上场景几乎每个月都会发生，少则一两次，多则三五次。直到有一天，我开始反思，为什么自己会把生活过成一团糟，是能力不行么？还是运气不行？想想都不是。那些让我崩溃、陷入绝望的都是小事，但引爆这些小事的导火索是晚睡引起的。于是我“顺藤摸瓜”，分析了自己为什么会晚睡。除了“舍不得夜晚的自由”这种心理，最大的影响因素就是睡前躺在床上看手机。

所以，我开始改造这项不良习惯。我给自己立了个规矩：手机不能带进卧室。不仅是工作日的晚上，就算在节假日的白天午睡，或者睡醒了赖在床上玩手机都不行。卧室是手机的禁区！

实不相瞒，养成能够把手机丢在卧室外、安心入眠的这个习惯，我一共花了 4 个月，期间各种挣扎、反悔，推倒又重来。为了能多看两眼手机，我宁可半夜起夜上厕所蹲在卫生间也不肯回去卧室；甚至还曾自欺欺人跑到客厅睡觉，以为这样就不算睡在卧室了，就可以刷手机了。

就这样，在一次又一次的洗心革面后，我终于可以做到不带手机进卧室，只要躺在床上一会儿就入睡了。接下来，一系列神奇的事情发生了。因为不在睡前刷手机了，我的睡眠时间和质量都有了大幅度提升，几乎在晚上 11 点前都能睡着；然后在早上 6 点自然醒，身体完全不困，起床后有将近 50 分钟的时间，足够我把家里和自己收拾妥帖，还可以让我在家吃一顿健康早餐，然后晃晃悠悠走去搭乘更早的一班地铁站，比往常能早 15 分钟到达公司。等 9 点正式开工时，我已经做完前期泡咖啡的例行事务，可以进入工作状态了。

老话说得好，好的开始是成功的一半。因为每天早上都开了一个好头，我一整天的工作效率也奇高无比，加班次数也变少。效率高又会反哺我的心情，让我每天下班都带着雀跃感、成就感而非疲惫不堪的心情回家。从此，夜晚的生活变得非常可爱，睡觉也睡得心甘情愿，再也不会为“夜晚的自由”刻意熬夜了。

“不把手机带进卧室”这就是我的核心习惯之一。因为这个习惯，我提升了整体生活质量和工作效率，而这二者也改变了我的心情，让我愿意用更热情、善意、有趣的眼光去看待世界。

找到核心习惯

找到属于自己的核心习惯当然很好,然而它并不容易被发现。毕竟，百因必有果，造成一个结局的因素有很多，我们不可能面面俱到分析，然后一一改正。在看了诸多关于习惯管理方面的书籍和论文后，我总结出八条最普遍的核心习惯，供大家参考。我们可以对照下述八个核心习惯来反推，是否做到了这个核心习惯，自己的生活就会朝向好的方向前行。

在此之前，有两点需要说明：

第一，核心习惯肯定不仅仅只有下述八条，如果你看完后发现不符合你的情况，可以继续自检、分析，直到找出属于自己的核心习惯。核心习惯最主要的原则就是“小而普通”，在寻找的时候请忘记那些过于复杂、抽象和难办到的习惯（比如，做好时间管理、用积极心态去面对一切）。

第二，你可以选择培养几条核心习惯，但一开始建议你一条一条来，先培养起一个能立住的核心习惯，再开始下一条。

以下是常见的八个核心习惯。

核心习惯一：穿得更好、更得体

这里的“好”不是鼓动你去买名牌、昂贵的衣物，而是穿得更符合自己的身份、年龄、工作环境，因为这会增强你的信心。

想想过去不注意衣着的你（或者你所在的公司不介意着装），突然穿得很精神，大家也会以崭新、更专业的眼光来看你。

核心习惯二：整理床铺

据社会经济学家兰德尔·贝尔博士说的，他花了近 30 年的时间研究有成就的人，发现这些成功人士的共同习惯之一是每天早上都会整理床铺。铺床这种简单的事情可以让你进入“完成任务”状态，提高工作效率。

核心习惯三：烹饪

如果你开始养成自己做饭的习惯，那么你可以控制的不仅是进入身体内的食物，还可以训练时间管理能力（做饭和吃饭都需要掌控时间），这会对你的健康产生各种各样的积极影响。

核心习惯四：早上运动

我知道这对晚睡星人、早起困难户来说特别困难，但早上抽空锻炼 20~30 分钟，的确能改善自己的情绪、心情、体力。锻炼之后，你会因为完成了一件重要的事而自我感觉良好，如此，接下来一天要面临的问题都不是事儿。

核心习惯五：练习感恩

很多时候，看到自己没有的东西要比看见自己拥有的东西容易得多。人们忙于思考自己没有的东西，以至于忘记看看自己已经拥有的一切。

早上起来，写下几条令你感激的事情，可以是一个人、一件事、一本书、一朵花……让自己的心情从拥有的积极和善意开始。

核心习惯六：睡好觉

我们都希望白天有更多的清醒时间来完成任务，但我们都知道这不会发生。可是，如果你能确保自己每晚拥有 7~8 小时的优质睡眠，那么你的身心将准备好——更多精力和更清醒的头脑——在第二天去解决那些任务和难题。

睡个好觉可以说是最重要、最需要的核心习惯之一。它可以带来一系列肉眼可见的改善，比如健康饮食、做出更合理的决定、保持健康的体重以及减轻压力等。

核心习惯七：写下自己吃什么

研究发现，保留食物日记可以帮助你减轻体重，是没有食物日记时减少的体重的两倍。这是因为保持饮食记录的人能够查找自己的饮食习惯，以及触发自己不健康的因素。

有了这些信息，你可以计划自己每一天的饮食，因为你知道什么时候饿了，可以带些健康的零食吃。食品日记创建了一种结构感，使其他良好习惯也得以蓬勃发展。

核心习惯八：坚持常规

这意味着每天晚上都在同一时间睡觉，或者每天早晨做完全相同的事情来为你的一天做好准备。无论哪种方式，保持一致性都会产生大量积极影响。

找到了自己需要的核心习惯后，接下来，我们要做得便是如何坚持这种核心习惯。

古川武士在他的著作里提到，培养一个好习惯通常分为三个阶段。

阶段一：反抗期——马上就想放弃；

阶段二：不稳定期——被预订事项或他人影响；

阶段三：倦怠期——逐渐感到厌烦。

他询问了自己曾经服务过的150名客户（帮助他们改变习惯）

大约在哪个时期败下阵来，得出的统计是：

阶段一：反抗期（第 1 ~ 7 天），42% 的人失败；

阶段二：不稳定期（第 8 ~ 21 天），40% 的人失败；

阶段三：倦怠期（第 22 ~ 30 天），18% 的人失败。

可见，坚持一项习惯不是一件容易的事。为什么我们很难坚持呢？

从情感上来说，一是因为某件事还没有到非做不可的时候，或者我们并没有真切觉得它很重要；但从脑神经科学的角度来说，这是因为我们大脑与生俱来喜欢对抗变化、维持现状的倾向。这就好比人类的正常体温为 36.5 度左右，我们身体平常一直维持在正常体温的状态，不管严寒还是酷夏，都不容易受到环境变化的影响。就算感冒而发烧时，身体也会利用出汗的方式，拼命地冷却自身以调节体温。

大脑和身体一样，也有这种“维稳”机制。通过“维稳”，我们的祖先才能找到与周遭环境的平衡点，继而生存下来。所以，喜欢保持稳定是有好处的，因为变化意味着某种“威胁”。培养新习惯就是在打破这种“维稳”机制，大脑和身体都会将其视作威胁而拼命抵抗，所以容易放弃是正常现象。

遵守以下三项原则，往往能让我们在培养习惯时更容易成功。

原则一：一次只培养一项习惯，不要同时培养多项习惯。

养成一项新习惯必然要耗费大量意志力。关于意志力，科学已经证实，它是一项消耗品，你用得越多它消耗得也就越多。假设某个人一天有 10 克意志力。他在控制饮食、强迫运动上共花费 6 克意志力，3 克用来应对难缠的甲方，1 克用来处理日常工作。回家后，他就没有意志力去继续学习提升自己，因为他消耗了自己全部的意志力。这也就不难理解同时培养多个习惯，结果必然失败了。

原则二：制定的行动规则越简单越好。

假设一个人想培养自己爱读书的习惯，最简单有效的规则是，在家里不同地方都摆上书；规定自己每天至少看 10 分钟的书。随着习惯的逐渐养成，“游戏难度”可以再逐渐增加。如果一开始就设置一堆规则，比如每天看 10 分钟书、家里到处都摆上书、通勤路上也只能看书、阅读时要在书的边角记录、看完书还要写 200 字的读书笔记……估计不过 3 天就想放弃了。行动的规则太多、太复杂必然会导致我们容易放弃。

原则三：以结果为导向，但不要太在意结果。

培养一项好习惯，我们当然希望能有“好结果”来证明自己的努力没有白费。比如坚持运动，希望看到体检报告上的各项指标都正常；坚持节俭，希望能看到账户里的数字增加。但如果每天时时刻刻都盯着结果，或者结果一不理想马上就心灰意冷、放弃，这种心态是不可取的。

过度在意结果很容易导致行动节奏被打乱。就像一天看到体重秤上的数字没有下降，你就怀疑自己白练了，然后开始暴饮暴食、放飞自我。我很喜欢一句话，“过程要努力，结果随它去”，用对方法，坚持下来，时间会给你最好的证明。

知道了自己想要培养的习惯属于哪一种、做好时长心理预期、了解一项习惯养成的“三个阶段”、遵守培养一项习惯的“三个原则”，就能确保把一项好习惯培养成功么？不是的！设置再完美、计划再周详，人都不是程序和机器，还是会偷懒，为躲避一点改变找尽借口。如果你这么做了，没必要觉得羞愧，只是再次证明了你是一个“正常人”。

很多时候，我们并非完全不会改变，只是更喜欢在改变的路上“三天打鱼两天晒网”。就提升英语这件事来说，资料找了不少、材料买了不少、心得看了不少、计划列了不少、“任务”执行了不少，但总是有那么一天，突然就掉链子了。可能是某次突如其来的聚会打乱了自己的计划，可能是某天过得不顺觉得人生苦短，也有可能是突然发自灵魂地问了自己一句：“我提高英语的目的究竟是什么？”……总之，半途而废了，又一次。

面对这种情况，有两个建议给大家。

第一，用“做比一点也不做要强”的心态去面对前三个阶段（30 天）。也就是说，行动的数量比行动的结果更重要。比如，某一天真的不想运动 30 分钟，那运动 20 分钟也行，比 1 分钟都不运动要强；看书 10 分钟根本看不下去，那就读 5 分钟，甚至只读 1~2 页也行啊，比 1 个字不看要强。

第二，设定“例外时刻”。例外时刻的存在不是为了给自己的偷懒找借口。“今天有点累，要不就算了吧，明天一起完成。”生活中难免有意外状况发生。“例外时刻”就是面对意外事件预先制定弹性应对机制。比如，当你感到心情低落、疲倦时，允许自己今天只读 1 页书也没关系；平时规定自己必须坐在书桌前认真听听力，如果晚上有邀约，改成在嘈杂的地铁上听也可以。当然，“例外时刻”不要太多，否则也和放弃无异。

习惯管理总结

一、关于不良习惯

1. 确定不良习惯的六条标准：

◎它们是重复的负面行为模式；

◎社会对它们持模糊、不确定的态度；

◎它们会破坏好的习俗、法律或道德准则；

◎它们会令旁人反感；

◎它们会对自己的健康、生活等各方面产生负面影响；

◎它们会影响自己和他人取得进步、变得更好。

2. 自检 9 类（123 个）不良习惯。

二、关于好习惯

1. 好习惯养成的难易程度有三个分类。

程度一，行为习惯，养成时间大约需要 1 个月。即每天规律的行为，例如，读书、写日记、整理、节约、记录家庭收支等。

程度二，身体习惯，养成时间大约需要 3 个月。减肥、运动、早起、戒烟、肌力训练等。

程度三，思考习惯，培养时间大约需要 6 个月。逻辑性思考能力、创意能力、正面思考等。

2. 核心习惯：是人们在日常生活中引入的微小变化或习惯，可以延续到生活的其他方面，“牵一发而动全身”。

3. 常见的八个核心习惯：穿得更好、更得体；整理床铺；烹饪；早上运动；练习感恩；睡好觉；写下自己吃什么；坚持常规。

4. 培养一个好习惯通常分为三个阶段。

阶段一：反抗期——马上就想放弃；

阶段二：不稳定期——被预订事项或他人影响；

阶段三：倦怠期——逐渐感到厌烦。

5. 遵守以下三项原则，往往能让我们在培养习惯时更容易成功。

原则一：一次只培养一项习惯，不要同时培养多项习惯；

原则二：制定的行动规则越简单越好；

原则三：以结果为导向，但不要太在意结果。

6.让自己养成好习惯过程中，两个聪明“偷懒”的建议：第一，用“做比一点也不做要强”的心态去面对前三个阶段；第二，设定“例外时刻”。

思考与练习

读完这章后，希望你能认真想想自己要戒除的坏习惯有哪些？最想培养的核心习惯有哪个 / 哪些？我总结了六大类好习惯供你参考，见表 3。当然，请不要局限于表 3。

表 3 六类核心习惯

自我投资	金钱投资	时间管理	思维方式	健康与美	人际关系
阅读	制定年度存钱金额	减少加班	不全盘接受或全盘否定，而是保持质疑精神	坚持刷牙、定期洗牙	认真和每个人打招呼
写作	开始学习理财	减少无意义的社交聚会	坚持反思与复盘	保持运动	多把笑容挂在脸上
学习视频剪辑等一门新手艺	逐渐养成节俭的习惯，比如从“双十一”开始	从每天上网时间缩短半小时开始	学着换位思考	多自己做饭吃	给好友、亲人定期送礼物
考证	学会奉献与馈赠，比如捐款	坚持一次只做并做好一件事	在没有证据、没有询问前，不恶意揣测对方动机	少喝饮料和酒、多喝白开水	认真表达感情

表 3（续）

自我投资	金钱投资	时间管理	思维方式	健康与美	人际关系
参加读书会、研讨会	能理性看待奢侈品、宠物、化妆品这些容易令人感性和冲动的事物	减少电视机打开的时间	再多一点理性	定期体检	少向对方抱怨
订阅并阅读专业杂志、刊物		缩短刷手机的时间		戒烟、戒酒、戒烧烤	坚持多倾听对方 5 分钟
冥想		整理出自己每日碎片化的时间，认真想想怎么利用		多吃五谷杂粮和蔬菜	注意与人沟通、相处时的态度和举动
学习感恩		学会认真休息		每天坚持吃至少两种水果	
整理自己的想法		开始做那些不紧急但重要的事情		每天坚持在工作时间拉伸 10 分钟、站立办公	
正向、积极思考				不跟风消费，只买适合自己、舒适的服饰	
开始记录，无论是日记还是手账等					
戒掉最讨厌的一项坏习惯					

后记

这些成为人生利器的工具未必每一样都能对你奏效，但 25 个中总有那么几款是适合你、能为你所用的。就拿减肥来说，其中 4 个给了我很大帮助。

利器一：调整并形成自己的核心习惯

1. 我推迟了午饭时间。

因为我发现很多时候中午 12 点时，自己并不饿，想要吃饭只是惯性使然。所以，我把午饭时间延迟到下午 1 点，这也意味着早饭你要吃得好一些。

2. 下午四五点加健康餐，酸奶、麦片、坚果、能量条都可以，建议选容易让人有饱腹感的食物。这意味着，到了晚上的饭点如果你不饿（问问自己是真饿了还是习惯性想吃晚餐），就可以不吃晚餐了。如果确实还饿，可以用蔬菜和水果代替，但请在晚上 7 点前吃完这些东西，然后就对今日的任何食物说拜拜。

3. 有时候忍不住，晚上就是想吃怎么办?

我的逃避办法是躲进卧室不出来，在床上办公，或者看一本自己想看的书，分散自己的注意力。

利器二：一切往小看，实现最小目标

因为我要动用自己的大部分意志力去抵制食物的诱惑，所以“管住嘴，迈开腿”的后半部分我投入的精力较少。通常，我会在下午 4 点去健身房的跑步机上快走 30 分钟，然后在瑜伽垫上拉伸、举哑铃 10~14 分钟。健身房并没有天天去，一般一周 2~3 次。如果真的馋零食，就在运动前吃，喝一罐可乐、吃一袋薯片这些事我都做过，然后在跑步机上把它们消耗掉，就不会太有罪恶感。

坚持 2 个月后，我开始增加每周去健身房的次数，通常 4~5 次 / 周（虽然还是经常找借口偷懒）。一方面是体能需要进阶；另一方面是因为锻炼这件事除了保持个人形象和体能外，还是拯救沮丧、挫败的良药。如果某一天过得很糟糕，但我进行锻炼了，那么在这一天结束时我就会想：至少我锻炼得不错。

利器三：从长计议，避免短视

我大概每隔七八天称重一次，因为我知道自己减肥的目的不是迅速练成好身材，而是为了长远的好习惯和健康的体魄，所以我放弃追求每天体重会有 1~2 斤浮动变化这种短期数字带来的兴奋或沮丧。

利器四：身处黑暗也要心向光明

某一次没管住自己，吃了垃圾食品或者一顿大餐怎么办？吃了就吃了吧。不要因为一次“破戒”就放弃减肥这件事，把它当成一项持久工作，在对抗中偶尔有妥协，被诱惑并不意味着你要破罐破摔、放弃人生。

被《纽约时报》评价为“改变女王”的美国“创作教母”朱莉娅·卡梅伦在《创意，是一笔灵魂交易》里说：“成长的渐进方式很奇怪：向前两步，后退一步……在星期二你还神通广大，到了星期三你可能就要退步下滑了，这是很正常的。成长总会突然加速，但有时会处于蛰伏期，但不要沮丧，不妨把这当成是休养生息。”健康管理也需要这样的“休养生息”。

我用了这4个利器后，效果如何呢？现在和大家汇报一下成果：半年减重6斤。我知道这个成绩比起数月减重十几斤的减肥达人来说实在算不得什么，但体重减轻只是最初级的意义，更重要的是我养成了一系列健康的习惯：固定吃三餐，这意味着不必忍受饥饿；用麦片、坚果这些更有营养的零食来代替垃圾零食；运动也终于不再是可有可无的东西，现在我一周要是没有五六天在健身房泡上一会，浑身就不舒服。最最重要的是，终于有一件事情，是我能够长期坚持并做成的了。它让我相信，接下来的很多事，我都有机会成功，而不是像过去那样，总与失败后的沮丧相伴。

《伊索寓言》里有个小故事叫《两只口袋》，它讲述的是普罗米修斯创造了人，又在他们每人脖子上挂了两只口袋，一只装别人的缺点，另一只装自己的。他把那只装别人缺点的口袋挂在胸前，另一只则挂在背后。因此人们总是能够很快地看见别人的缺点，却总看不见自己的。

那些我们内心都明白的缺点、问题，总会因为自尊、懒惰等原因被我们视而不见。我们好不容易建立起的舒适圈，走出来又谈何容易？自我纠错、自我成长的道路向来艰辛，只是，砥砺前行大概是想要人生变好的不可避免的选择，我们可以行动缓慢，但终究不能止步不前。

这 25 个利器不是法宝，也没有什么魔法，它只是那些一直向上、变好的人的一些心得、方法、技巧。希望借助它们，有朝一日，你我都能到达自己心中所想的那个目的地，成为自己想要成为的那个人。